国家级特色专业
广州美术学院工业设计学科系列教材
童慧明　陈江　主编

Design Management

设计管理

刘曦卉　著

U0196871

北京大学出版社
PEKING UNIVERSITY PRESS

图书在版编目(CIP)数据

设计管理/刘曦卉著.—北京:北京大学出版社,2015.6

(国家级特色专业·广州美术学院工业设计学科系列教材)

ISBN 978-7-301-25616-9

Ⅰ.①设… Ⅱ.①刘… Ⅲ.①产品设计—管理—高等学校—教材 Ⅳ.①TB472

中国版本图书馆 CIP 数据核字(2015)第 057093 号

书　　　名	设计管理	
著作责任者	刘曦卉　著	
责任编辑	赵　维	
标准书号	ISBN 978-7-301-25616-9	
出版发行	北京大学出版社	
地　　　址	北京市海淀区成府路 205 号　100871	
网　　　址	http://www.pup.cn　新浪微博:@北京大学出版社	
电子信箱	pkuwsz@126.com	
电　　　话	邮购部 62752015　发行部 62750672　编辑部 62752022	
印　刷　者	北京宏伟双华印刷有限公司	
经　销　者	新华书店	
	965 毫米 × 1300 毫米　16 开本　14.5 印张　210 千字	
	2015 年 6 月第 1 版　2021 年 12 月第 5 次印刷	
定　　　价	39.00 元	

目　录

序　言

　　我们现在的设计教育，尤其是本科生的设计教育，存在着教学和企业实际需求严重脱节的问题。这一问题多年以来都困扰着教育界和产业界，但却迟迟未能有效解决。

　　在国际上，设计管理概念也是在类似的背景下出现的。设计管理最早在20世纪60年代起源于英国和日本，随着市场和产业的发展，设计和商业的关系变得日益紧密，原有设计理论和实践体系无法满足商业应用的问题日益突出，这直接导致了设计管理概念的产生。有识之士在意识到国内现有设计教育内容不能满足飞速发展的企业与产业实践需求后，从2000年起开始逐渐引入国外设计管理的理念。但迄今为止，我们的设计管理主要停留在翻译国外早期的相关著作上，缺少基于我国国情的研究。而此教材的出版在弥补缺乏基于中国国情的设计管理研究上做了一个很好的开端。

　　我和刘曦卉老师最早结识是在2012年四川绵阳的一次设计论坛上，作为演讲嘉宾，她介绍了多年研究中国企业设计竞争力发展模式的成果，令人印象深刻。2013年，她参与了我们的研究课题，即由路甬祥院士主持的中国工程院重大咨询项目"创新设计战略研究"，并作为主要研究人员参与了我所主持的子课题的研究。这使我们在设计概念、设计思维、设计应用等方面有了很多深入的探讨。在我所认识的设计教育者里，她是少有的既具有丰富的产业实践经验，又肯在自己的领域扎实用功的人。此教材的出版，能够从一个侧面展示她近些年的研究成果和对设计管理领域所做的贡献。

如今，设计管理作为一门课程已经被我国设计类院校列为高年级或研究生的必修课，因此，基于我国实际经验出发的设计管理内容、结构和方法就显得极为重要。

在这本书里，刘曦卉把自己多年的设计产业管理经验和学术研究积累作了细致的梳理，介绍了设计管理在英国、美国、日本和中国的产生和发展背景，以便同学们用较为客观和全面的角度去看待设计管理在世界的发展历程，打开视野。这里传达了一个非常重要的信息，即设计在作为一门独立学科存在的同时，也具有它的特殊性：它是连接科学技术和用户需求的桥梁。科学技术的进步，导致了生产方式和生产手段的变革，也直接改变了设计的角色和作用，而只有通过设计，才能把技术与用户需求连接，最终改变大众的生活方式与价值追求。这也是设计管理的根本意义。

此书在开卷着重从国际政治、经济的背景入手，结合国家战略来阐述设计管理，帮助同学们在宏观上了解和把握设计发展的全貌。为了避免出现过多的设计概念和理论，刘曦卉用平实的语言系统地梳理了设计管理的知识架构，帮助学生理清设计管理的复杂系统。之后，刘曦卉结合自己的实际工作经验，介绍了设计项目沟通中的一些重要环节和实战技巧，使得同学们在了解这门学科的同时，可以进一步提升实践能力，初步感受设计管理的作用和贡献。

此书总体编排合理，内容丰富，不但适合学习设计的本科生、研究生使用，也适合关注设计、想要提升设计认知度的专业人员和企业使用。书中列举了很多国外的优秀企业如何利用设计管理作为杠杆，提升企业综合竞争力的案例，这对于我们现在面对"三个转变"、迫切需要发展品牌设计和体验设计的企业很有借鉴意义。同时，我们面对着新的知识网络时代，如何在转变的时代背景中抓住机遇，实现"弯道超车"，书中的诸多内容也很有启示和借鉴作用。

　　这本书呈现了刘曦卉多年来在设计管理领域的研究与思考，也反映了她为改善我们现有的设计教育方式所做的努力与尝试。希望这本书能够帮助我们的学生，为中国自己的设计管理发展做出贡献！

徐志磊

中国工程院院士

中国机械工程学会工业设计分会理事长

第一章　什么是设计管理

第一节　时代背景下的设计管理

设计管理是一门年轻的学科，英国设计实践者迈克尔·法尔（Michael Farr）于 1966 年出版的《设计管理》（*Design Management*）一书，被国际公认为设计管理学的起点。与此同时，有关设计管理的思考与讨论也在日本出现，但由于语言的局限，很少为以英语为主的欧美国家的学者们所知。因此，客观来看，设计管理这一新兴学科的正式出现是在 1960 年之后，同时在英国和日本的产业实践中产生。所不同的是，英国的设计管理概念来源于其设计产业的实践，而日本的设计管理则紧扣着制造产业的范畴。设计管理的产生和制造产业的发展联系密切，因此，在不同的国家里，由于制造业发展状况、生产技术、核心竞争力、社会背景的不同，其设计管理发展的路径及内涵都有所差异。要全面、深入地理解设计管理所面临的问题，就要了解其产生的社会背景和环境。

作为一个新兴的学科，设计管理的范畴不断被修正，发展至今，各国的学术界对其概念的明确内涵始终未能达成共识。这是因为各国有不同的经济、文化、政治背景，必然会导致差异化的设计管理内容。同时，随着这一新兴学科研究的不断发展和深入，其概念和外延也随着时代的变迁而不断改变。

一、经济时代的发展

按照西方国家的文明进程，从第二次世界大战之后，世界真正进入到基于大规模制造的产业经济时代；1980 年代后，进入基于产品与服务的品牌体验经济时代；如今，开始进入以知识平台建设为主的知识经济时代。对于未来，我们可以期待一个新的转移经济时代的到来，即以创造更有意义的生活为目标的合作价值网络的建设，通过知识和财富的转移，以及社会创新，实现社会的真正和谐（见表1.1）。在四个不同的经济时代里，人们的思维模式与追求有着显著的差异。与此相应，企业的思维模式以及经营内容也有着明显的区别。

表1.1　各经济时代的特征

	价值表现	产业经济时代 价值点	体验经济时代 价值链	知识经济时代 价值网络	转移经济时代 价值星群
人的思维模式	专注点	拥有产品	体验	自我实现	有意义的生活
	视野	本地	国际	情景	系统
	追求	使自己的生活现代化	寻求生活方式的识别特征	获得个人的力量	解决集成问题
	效果	提高生产力和家庭生活水平	努力工作，努力享受	发展个人潜能	有意义的贡献
	技巧	专业化	实验	创造	转移的思维
	途径	跟随文化编码	打破社会禁忌	追求抱负	同理心与合作
企业的思维模式	经济驱动	大批量生产	市场与品牌	知识平台	价值网络
	焦点	产品功能	品牌体验	使用户能够创新	增强意义
	特质	产品	产品与服务的综合	使用户能够创新的开发工具	包括全部的价值网络
	价值主张	商品	目标体验	使用户自我发展	伦理的价值交换
	途径	劝说购买	推广品牌生活方式	使用户能够参与	借力合作
	目标	利润	增长	发展	转移

来源：Brand, R. and Rocchi, S. , "Rethinking value in a changing landscape. A model for strategic reflection and business transformation", *A Philip Design Paper*, 2011, p. 16.

(一) 产业经济时代

在产业经济时代，人们关注的是通过购买或者占有产品来改善自己的生活，实现生活的现代化。因此，企业的行为重点在于通过大批量生产，制造出满足消费者需求的产品（注重功能），并通过卖出产品、实现交换价值来获得利润。在这一时代，消费者的购买行为往往是一次性的，即购买了该企业生产的产品后，消费者就拥有了产品，不需要再次购买。就市场发展阶段而言，其往往对应于市场供不应求的阶段，以及开始向供大于求阶段的初期转变。

(二) 体验经济时代

当产品制造开始日益丰富，且供大于求时，消费者已经不再满足对于单一商品的拥有，而开始寻求自我生活方式的创造，追求实现自我的产品或服务，促使企业向品牌化的方向发展。和产业经济时代不同，此时的企业通过品牌赋予消费者某种生活方式。在一个品牌下，企业往往可以拓展多样化的产品和服务。品牌所代表的生活方式大大增强了企业和消费者之间的联系，使得消费者不断地购买该品牌的产品或服务。而企业的主要职能也不再是产业经济时代的产品制造，而是形成从研发、设计、制造、销售、市场到品牌维护的完整供应链。供应链上的各个职能可以被分拆给不同的企业完成。各企业根据其所承担的供应链上的工作，可以分为专门负责制造的企业 OEM (Original Equipment Manufacturer，原始设备制造)、专门负责设计和制造的企业 ODM (Original Design Manufacturer，原始设计制造) 和专门负责两端——研发和市场的企业 OBM (Original Brand Management，原始品牌管理)。在这一经济时代，价值不再是产品卖给消费者的那一瞬间所实现的交换价值，即一个价值点的概念。由于供应链上分工的出现，价值的形态转变成为价值链，即除了产品销售给消费者时实现的交换价值，更包括供应链上各个企业之间的供求关系价值。

(三) 知识经济时代

与主要基于产品制造技术的产业经济和体验经济的时代不同，知识经济时代基于 Web 2.0 到 Web 3.0、互联网的普及及快速发展、云计算与云存储。人们的追求逐步摆脱对物质的满足，进而发展到个人创意和创造力的展现。相应地，企业的核心活动是提供一个能够使用户参与、发展和实现创新的平台，即知识平台的创建。在这一时期用户参与成为主题，典型的市场表现是各类定制产品和服务平台的出现。当消费者人人都可以参与创新的时候，这一平台的利益相关人（stakeholder）将包括用户、企业、合作企业，甚至社会各方力量。这样的价值关系形成了基于平台的复杂网络，即价值网络。

（四）转移经济时代

根据现在的发展趋势，我们预测未来将发展到转移经济时代，人们除了关注自我价值的实现、积极参与创新活动外，更强调为社会整体创造出更有意义的生活。企业将商业模式和社会价值取向相融合，以凝聚各方面的社会力量，共同创新。此时的消费者与企业不再是传统的商业买卖关系，而是基于社会共同发展目标的认同关系，也是超越金钱、以创造有意义的社会生活为目的的长久关系。

二、设计角色的改变

上述四个经济时代对于设计的需求是不同的。相应地，设计的角色、功能，以及设计的专业领域划分也有着显著的差异。

在产业经济时代，设计的职责是设计出如实反映产品功能的外形，设计师是简单造型工作的提供者。除了专业的基础技能以外，设计师还需要了解产品结构、功能、制造工艺、材料等方面的知识。

在体验经济时代，服务被逐步强化，此时的设计除了具有产品设计的范畴以外，也开始拓展到设计服务的领域。而为产品本身服务的设计职能也开始多样化。设计师开始关注对消费者生活方式的研究，希望能够通过设计提供符合各种生活方式的多样化造型选择。以产品为核心，包装设计、广告设计、平面设计，甚至品牌形象设计等都开始逐步发展起来。另一方面，设计服务作为一个独立的设计领域也日益专业化。

表 1.2 各经济时代的设计背景和内容的转变

背景				
经济时代	产业经济	体验经济	知识经济	转移经济
技术进步	大批量制造	系统集成	互联网/云数据/3D 打印	
市场状况	供不应求	供大于求	线上线下市场整合	国际化
价值内涵				
价值形态	价值点	价值链	价值平台	价值星群
个人的价值需求	产品	产品 + 服务	参与创新	有意义的生活
企业的价值主张	产品功能	基于产品和服务的品牌	开放创新的平台	分享价值驱动
企业经营				
企业的竞争点	产品功能、质量	服务体验	数据库	提供有意义的生活
企业与消费者的关系	企业为消费者制造	企业为消费者设计	企业与消费者共同设计	消费者是设计师
产品与消费者的关系	产品满足基本功能	满足不同生活方式的体验	参与式设计、定制设计	满足企业与消费者共同的社会价值
设计职能				
设计关注点	产品	用户及品牌	企业和其合作者	社会
设计师的角色	基于功能的造型设计	差异化造型设计	系统内外的沟通者	系统的创造者
设计师的知识	产品结构、工程	设计研究、消费者研究	交互设计、信息设计	战略及系统思维

在知识经济时代，设计已经不再是只有经过专业训练的设计师才具备的才能，而是鼓励人人参与，建设共同创新的平台。设计师开始更多地融入企业经营架构中，设计成为企业内各个部门之间的沟通者，同时也是企业和外部沟通的桥梁。对于人们需求的洞察，参与建立能够激发大众创意力的平台，是该时期设计的主要职能。交互设计、新媒体、信息设计等设计专业逐步设立和发展起来。

在转移经济时代，设计作为系统的缔造者，可以建立驱动社会创新和资源的系统。此时的设计主题已经完全摆脱产业经济时代以具体产品为载体的模式，而是进入到以社会为载体的系统设计创新阶段，社会创新成为新的设计专业领域。

三、转移经济时代的设计新职能：社会创新（Social Innovation）

近代早期的社会创新概念起源于 1970 年代，发展至今，这一议题得到了人们越来越多的关注。以英国和美国为代表，一批专门研究社会创新理念的机构相继成立，如斯坦福的社会创新中心，英国皇家艺术学院的哈姆林中心（The Helen Hamlyn Centre for Design）等。

简单而言，社会创新就是凝聚众人的创意力量解决社会问题。和以往由政府拨款解决各类社会问题不同，社会创新更多地从人性化的角度思考问题，探讨从问题的源头去发现解决问题的方案，把对社会问题的防范转化为从源头疏导，从而形成良性循环。社会创新不但可以使政府减少在社会问题上的大量投入，同时通过鼓励全民参与，能够充分发挥社会各阶层、各行业的正面力量，建设更加美好、和谐的社会环境。这是完全符合转移经济时代的特征的。

社会企业是社会创新的主要力量。和传统企业不同，社会企业在谋求利润的同时，更是把社会责任放在首要位置。这类企业不论提供产品还是服务，都以解决某一个社会问题为具体目标，以追求更有意义的生活与持续的社会发展。基于这样的愿景，企业可以吸引大众主动参与其中，并且和相关机构形成动态的合作关系。分享价值、以共同愿景为驱动力、透明价格等都是这类企业进行社会创新的主要表现形式。

和传统的以产品为主体的设计不同，设计在社会创新中扮演了系统缔造者的重要角色。设计的服务对象从产品、用户、企业、品牌及企业合作网络，发展至社会。一方面，这使得设计在国家政策制定、社会发展中扮演着越来越重要的角色；另一方面，设计积极参与社会问题的解决，改变了以往设计为技术服务或是受技术限制的情况，它可以通过社会参与更有效地影响技术的传播与普及。

四、小结

立足于知识经济时代，不但有利于我们总结设计从产业经济到体验经济一路的发展历程，更能让我们对设计的未来充满信心。工业设计产生于机器大批量生产制造这一技术背景，由于互联网、云数据等技术的出现和日益成熟，设计逐渐开始参与系统平台的建设，为消费者提供开放创新的舞台。在未来的转移经济时代，在综合运用各类先进技术的同时，更需要思考的是选择什么样的技术以更好地解决社会问题、带给我们更有意义的生活和更合理的生活方式。通过社会创新，设计将能够在结合人、企业、社会三重视角的基础上创新思维，创造三个层面共同认可且可共享的价值。

第二节　设计管理的基本概念

一直以来，设计管理并没有一个被统一认可的定义，但是经过学界多年的努力，其在研究内容与知识层面已经建立起一个相对完整的系统。

设计管理结合了设计与管理，研究设计在项目、组织或国家中的应用与管理。其关注的议题与其他管理学相比是相对独立的，这是由设计自身的本质与特性所决定的。而设计与管理在认知结构上的差异也是导致设计管理产生的重要原因，设计管理的出现就是为了解决两者之间在观念、立场或是认知方法上的差异并对其进行有效连接。因此，设计管理就像一座桥梁，努力把各种分裂对立的关系转化成可以相互探讨与理解的融合境地，从而解决企业、产业，甚至国家在发展创新过程中的实际问题。①

----

① Borja de Mozota, B., "Challenge of design relationships: the converging paradigm". In M. Bruce and B. H. Jevnaker (Eds.), *Management of Design Alliances: Sustaining Competitive Advantage*, New York: Wiley, 1998, pp. 243－260.

一、设计管理概念的起源

对于设计管理概念的起源，有两种观点：一是认为起源于 1960 年代的英国，这一观点现已被大多数设计管理研究者接受，尤其是来自英语语系国家的学者；另一种则认为其来自于 1950 年代的日本。1950 年代日本管理协会（Japan Management Association，简称 JMA）所展开的一项研究发现，日本国内企业的发展面临着设计以及如何提高设计效率的问题。在这一背景下，"设计管理"一词在日本于 1957 年被正式提出。设计的重要性已经被当时越来越多的企业所认识，并且开始广泛地在企业中设立自己的设计部门。

而不论设计管理真正起源于何处，这一学科在 50 多年的时间中不断地发展变化，尤其是近几年来，设计管理在内容上的变化尤其剧烈，这主要是近 20 年来日益激烈的市场竞争所致。也正是由于这个原因，不论是来自设计领域，还是有着经营背景的研究者都很难就这一年轻学科的概念达成共识。本书中将会介绍在不同阶段出现的设计管理定义，以向读者展示其演变发展的路径。

设计管理的含义从它于 1960 年代的英国出现后就一直在不断地变化。最初，它是指对设计公司和其客户之间的关系进行管理；随后至 70 年代，逐渐包含如何建立企业的设计政策；至 80 年代，其主要内容逐步集中在一个企业内与设计相关的管理议题。在这一时期，英美两国都有著名学者提出相应的观点，如艾伦·托普连（Alan Topalian）强调组织管理与项目管理[1]；约瑟夫·威尔科克（Joseph Willcock）指出英国应把设计职能和市场职能进行整合[2]；彼得·劳伦斯（Peter Lawrence）认为设计管理的核心内容是企业内部的设计职能部门与非设计职能部门之间的互动和理解[3]。

---

[1] Topalian, A. , *The Management of Design Projects*, London: Associated Business Press, 1980, p. 15.

[2] Willcock, J. , "The design triangle", *Designer*, 1981, April, pp. 7 – 8.

[3] Lawrence, P. , "So what is going on in the states meanwhile…", *Designer*, 1981, pp. 20 – 21.

(一) 英国：设计公司的管理

1980 年代起，越来越多的来自设计或商业领域的研究者开始投入到设计管理的理论与实践中，使得这一词汇的内涵被快速地改变着。至 1990 年代，在这些研究的基础之上，设计管理的内涵更为广阔，尤其是彼得·戈尔博（Peter Gorb）把原本所关注的设计执行拓展到组织管理领域，甚至最终将设计政策涵盖其中[①]；罗伯特·布莱赫（Robert Blaich）和珍妮特·布莱赫（Janet Blaich）也表述了类似的观点，他们认为企业的一切设计活动均应符合企业的长远目标[②]；比尔·柯林斯（Bill Hollins）提出了针对设计流程的管理问题[③]；约翰娜·阿霍佩尔托（Johanna Ahopelto）则从三个方面阐述设计管理的内容，包括设计与规划的管理、管理与设计标准化语言的建立、如何使创新与创意通过设计管理更好地在产品上实现[④]；博丽塔·博雅·德·墨柔塔（Brigitte Borja de Mozota）提出把设计与管理的关系进行整合，关注把设计整合到现有企业环境中可能会遇到的问题[⑤]；凯瑟琳·贝斯特（Kathryn Best）鉴于设计产出的多样化，认为具体设计项目的管理应该仅被视作设计管理内容的一个部分[⑥]。

(二) 日本：企业内设计部门的管理

在日本，设计管理的定义和内涵从出现至今并未有显著的变化，只是在不同的设计发展阶段会略有差异。在河原（Kawahara）和忠之（Tadayuki）

① Gorb, P. , "Design as a corporate weapon". In Gorb, P. (Ed.), *Design Management*, UK: Architecture Design and Technology Press, 1990, pp. 62 – 94.

② Blaich, R. and Blaich, J. , *Product Design and Corporate Strategy: Managing the Connection for Competitive Advantage*, New York: McGraw-Hill, 1993.

③ Hollins, B. , "Design management education: the UK experience", *Design Management Journal*, 13 (3), 2002, Summer, pp. 25 – 29.

④ Ahopelto, J. , *Design Management as a Strategic Instrument*, Vaasa: Universitas Wasaensis, 2002.

⑤ Borja de Mozota, B. , *Design Management: Using Design to Build Brand Value and Corporate Innovation*, New York: Allworth Press, 2003.

⑥ Best, K. , *Design Management: Managing Design Strategy, Process and Implementation*, Lausanne: AVA Publishing, 2006.

于 1965 年出版的日本第一本设计管理的书中，设计管理被定义为企业内部设计部门为经营运作而制定的有关规划和执行的战略。[①] 这说明从一开始，日本就不同于欧美国家，关注的就是企业内部的设计部门的管理问题。而企业内部的设计部门管理议题始终是日本设计管理的核心内容，并通过实践不断地发展。直至 1980 年代早期，黑木靖夫（Yasuo Kuroki）——索尼设计中心的前任负责人，提出设计管理是对设计部门内各有效要素的动态整合。

发展至 1990 年代，许多日本企业的设计部门开始重组，这时设计管理的重要性更加凸显，因为它是企业控制影响其运作的整个设计体系的有效方法，这时的设计被视作对管理的补充和服务。产业中的设计师作为产品规划专家，具备管理和规划的能力，不再只被视为造型、设计的专家。与此同时，设计教育也开始把有关管理的知识融入教学中，诸如产品战略、产品规划、商业化计划、企业识别以及产品识别等都被纳入教学内容。设计管理的方法自然也被视作必修课程。然而，设计管理的内容与最初产生时并无太大区别，仍然被视作提升设计部门效率的手段。2000 年至今，设计管理在日本所扮演的角色日益多元。平野哲行（Tetsuyuki Hirano）指出，设计管理扮演着提供整体解决方案的角色，它不仅能够帮助日本政府将其发展目标视觉化且得以实现，更能够帮助无数的小型企业和手工艺人。

二、设计管理的定义

发展至今，日本及欧美国家所提出的主要的设计管理的定义可从表 1.3 中得到详细的说明。

---

① Kawahara, J. and Tadayuki, O. , *Design Management*, Tokyo: Diamond Company, 1965.

表 1.3　设计管理的定义

年代	作者	国家	设计管理的内容
1965	河源和忠之	日本	设计管理是企业设计部门运作的规划和执行战略。
1966	迈克尔·法尔	英国	设计管理的功能包括定义设计问题、寻找最合适的设计师、让设计能够在规定的时间和预算内解决问题。
1977	布莱恩·史密斯（Brain Smith）	英国	强调企业所需要关注的道德、社会和伦理议题。
1980	艾伦·托普连	英国	（1）企业的高层设立政策、决定设计标准、组织设计活动；（2）管理设计项目和与设计相关的日常行政管理等。
1981	约瑟夫·威尔考克	英国	设计管理就是使设计人才和市场机会相结合。
1981	彼得·劳伦斯	美国	设计管理包括两层含义：（1）与设计公司或设计部门有关的管理、组织、结构、资金等问题；（2）同等重要的是和非设计部门的沟通以及他们对设计的理解。
1982	黑木靖夫	日本	设计师，尤其是工业设计师不仅应是艺术家，而且更应该是了解企业内所有资源的创新者。他们应该是市场的创造者，通过把社会趋势和企业内部因素相结合，设计出新的产品。设计管理是有效整合、组织所有这些要素的驱动力。
1984	国家学术奖励委员会	英国	设计管理是指设计组织的国际化管理，而不是单指制造型组织里的设计项目管理。
1989	乌干瓦（D. O. Ughan-wa）和迈克尔·约翰·贝克（Michael John Baker）	英国	设计管理是通过经理们的有效控制、监督和协调，及时地应用各种技术改进产品及生产流程，以形成具有国际竞争力的产品优势。
1990	彼得·戈尔博	英国	设计管理部管理设计工艺或实践流程，产品线经理在达成企业目标的过程中把企业现有设计资源重复利用而使企业得到发展。
1993	罗伯特·布莱赫和珍妮特·布莱赫	美国	把设计的执行作为一个企业内部的正式项目展开，通过把设计和企业长远目标相结合，在企业运作的各个层面上协调设计资源，达成企业设立的发展目标。
1994	纪露（Kiro）	日本	通过系统化地安排设计部门内的业务以达成有效性。
2002	比尔·柯林斯	英国	设计管理就是发展新产品和服务的组织流程。
2002	约翰娜·阿霍佩尔托	芬兰	设计管理被看作是对设计和规划的管理，并且作为管理和设计的规范化语言。设计管理也可以被描述为通过管理设计，以使创新和创意能够更好地应用在产品上。
2003	博丽塔·博雅·德·墨柔塔	法国	通过设计管理训练管理者、合作者和设计师，使管理者熟悉设计，也使设计师熟悉管理。设计管理亦能够把设计整合到企业环境中。
2006	凯瑟琳·贝斯特	美国	设计的产出是我们日常接触的产品、服务、建筑和软件等，而管理这些设计项目仅仅是设计管理的一个方面。
2006	平野哲行	日本	通过建立包含传统手工艺、新技术和顶尖设计的合作网络，提出解决问题的完整方案。

在早期，设计管理发展不充分的一个主要原因在于其内容的丰富度以及宽广的范围。因此，研究者们更倾向于通过表述设计管理的内容来对其下定义。法国学者博丽塔·博雅·德·墨柔塔率先根据设计经理的三个决策层次提出了设计管理的三个层面，这三个层面也对应了设计创造价值时的三个方向（见表1.4）。

表1.4　设计管理的三个层面

战略层 Design Vision	职能层 Design Function	执行层 Design Action
设计的转移价值	设计的协调价值	设计的差异化价值
设计是核心竞争力，它能够改变价值链的布局以及产业的愿景。	设计是管理竞争力，它能够改变价值链的支持活动。	设计是经济竞争力，它能够改变价值链的基本活动。
战略 知识管理 网络管理	结构 技术管理 创新管理	品牌市场 生产 沟通

来源: Borja de Mozota, B. , *Design Management: Using Design to Build Brand Value and Corporate Innovation*, New York: Allworth Press, 2003, pp. 258 – 259.

通过这三个层次，所有与设计管理相关的文献所探讨的内容都被囊括了进来。图1.1是设计管理的知识结构树，它展现了设计管理的主要议题，及其内容与所属的层次、议题的相互关系等。

这里设计管理概念的三个层面并不包含设计公司或是设计顾问公司①的管理内容，而是指整个产业或企业内部的设计部门的设计管理问题，以及企业中和设计相关的议题。按照这样的层次划分，可以很清楚地发现制造产业是设计管理概念产生和发展的基地。这也意味着，与制造型企业相关的设计议题，如其经营发展与设计的互动关系等都是设计管理研究的主要问题。在实践中，针对这些问题的研究主要从两个方面展开：（1）设计发展；（2）企业内的设计意识。这两个方面在企业层面直接影响设计管理实践。除此之

---

① 设计公司主要以具体的设计工作为主，落实在设计图纸上；设计顾问公司则主要向客户提供设计策略。

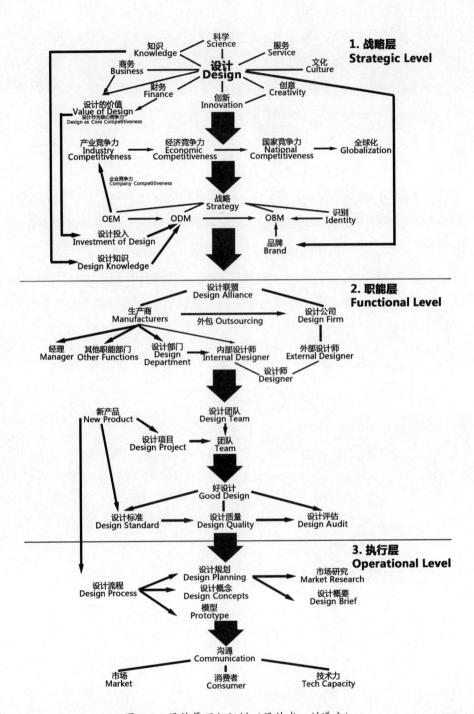

图 1.1　设计管理知识树（设计者：刘曦卉）

外，设计管理也受经济、政治和文化等宏观背景的影响。由于在不同的国家，这些背景要素的内容和演化过程也是各不相同，也就导致了不同的设计管理实践主题与方式，同时企业对设计的认知模式也各有不同。在学术界，这些就反映为至今没有达成对设计管理概念的共识。

三、小结

设计管理的概念自 1960 年代在英国和日本被首次提出之后，在过去的 50 多年间经历了不同的发展阶段，设计管理的内容与内涵在此过程中也不断演变，逐渐丰富。由于内容和范畴的不断变化，设计管理至今仍然无法形成一个准确的固定定义，而相关的研究均以其主要内容的三层分类作为基础。如今，这一分类方式已经被与设计管理相关的研究领域广为接受，形成该学科的主要知识框架。

第二章　英国的设计管理

　　尽管欧美国家的设计师因为其经济、政治背景的不同而各有特点，但他们之间通过密切往来和相互学习而不断彼此影响着。欧洲国家的产品通常量产规模较小，并且服务的是一个各方较为协调的国内市场。而较小的产量意味着较为简单的模具和较高的劳动力成本，在这一情况下，欧洲国家的产品发展更多依靠市场研究和消费者研究。和欧洲国家不同，美国的产品则必须面对多样化的消费者需求，因此他们更加依靠通过有效地分析和规划市场以达到较高的产量和更广的市场覆盖面，这也意味着较为复杂的模具和较低的劳动力成本。由此可见，仅市场和消费者需求这两个要素，就足以造就欧美不同的设计发展路径。

　　在所有的欧洲国家中，英国首先应用"设计管理"一词。直至今天，在政府和教育界的支持下，其设计管理研究仍然在全球占有重要地位。本章将通过回顾英国的国家设计政策、设计产业、设计教育和学术研究来介绍英国设计管理的发展与演化过程。

第一节　工业化的影响

　　作为工业革命的摇篮，英国直至 19 世纪中叶一直保持着全球范围内的技术领先以及在相关产业领域的伟大成就。然而，发展至 19 世纪 30 年代，其技术优势和设计力的脱节已经开始逐步显露。虽然当时的英国仍然保持有全球领先的技术优势，但这已不足以保证其原有的、在全球范围内的设计及艺术优势。这一点在 1836 年英国议会委员会发布的记录有关艺术与产业的文件中得到证实①。虽然在这一纪要中，工业设计第一次作为一项独立的活动被提出，但是议会委员会更加强调的是全球技术领先的英国产品在当时已经无法和具有更高设计标准的产品在国际市场上竞争与抗衡。尤其是来自法国的产品，当时已经开始以"品味的领先者"而著称。在 19 世纪 40 年代，作为这一议会纪要的直接产物，最早的一批设计院校在英国建立起来，其中最具代表性的是 1837 年建立的设计师范学院，即现在的皇家艺术学院的前身②。

图 2.1　亨利·科尔

在这一时期，英国倡导把艺术和产业相结合的代表人物是亨利·科尔（Henry Cole）。他提出，只有将工艺美术和制造相结合才能够促进大众品位的提升③。他的这一思想甚至直接影响了英国在 1851 年首届世界博览会中的展品。在这一届博览会上，一方面英国因为主展场水晶宫的设计，成功展现了设计为工业产品制造服务的产业战略。这一展览被阿尔伯特王子誉为展示了"劳动分工的主要原则"与"竞争和资本的刺激作用"。另一方面，英国的展品并非是真正基于机械技术而进行的大规模生产，其产品的生产更接近手工艺的生产方式。这是因为其产品的粗胚虽然是由模具制作，但其最终完成则主要

---

　　① 该原始文件为 *Proceedings of the British Parliamentary Commission on Art and Industry*（*Quentin Bell*）。

　　② 该学院在 1896 年被改名为英国皇家艺术学院（The Royal College of Art，简称 RCA）。

　　③ Woodham, J., "Managing British Design Reform I: Fresh Perspectives on the Early Years of the Council of Industrial Design", *Journal of Design History*, 1996, 9(1), pp. 55 – 63.

依靠手工加工。最终，人们批评英国的展品远远落后于其欧洲的邻居们，充斥着艺术的混沌和无序；英国的制造企业被批评为"难以置信的愚蠢"，因为他们完全没有意识到艺术家们所带来的设计的价值。1851 年伦敦博览会被视作英国全球技术领导力丧失的转折点，自此之后，其技术力逐渐退步并最终被美国和德国赶超。

📖 亨利·科尔（1808—1882）

亨利·科尔是 19 世纪英国设计教育的主要推进者。他尤其注重设计和产业的关系，也因积极推动 1951 年世界博览会的举办和创立《设计期刊》（*Journal of Design*）而闻名。由于一系列的设计活动，亨利·科尔很早就出现在公众的视线中，最有代表性的是他在 1843 年设计的世界上第一张圣诞贺卡。1846 年他设计的茶具获得了英国皇家艺术学会颁发的银奖。1847 年，他成立了菲利克斯·萨莫里（Felix Summerly，其笔名）艺术工厂，并委托一批艺术家用不同的媒介设计了一系列作品。对于艺术制造的浓厚兴趣导致他在 1847 年至 1849 年之间以艺术学会的名义举办了多个年度展览。由于他的积极努力，英国在 1851 年举办了世界上首届世界博览会。随后亨利·科尔还参与了 1862 年的伦敦国际展和 1855 年及 1867 年的巴黎国际展。他创办了《设计与制造》（*Journal of Design and Manufactures*，1849—1852）杂志，

图 2.2　亨利·科尔于 1843 年设计了世界上第一张圣诞贺卡

图 2.3　亨利·科尔于 1846 年设计的茶具

志，该期刊随后成为推动英国设计教育发展的最主要的发声平台。同时，他同时，他也负责为维多利亚和阿尔伯特博物馆收集藏品。由于他在英国设计发展中的多方面优秀表现和突出成就，1875 年被授予爵位。

威廉·莫里斯（William Morris）是另一思潮的主要代表者，他是 19 世纪英国艺术与手工艺运动的领导者，反对工业大规模生产而倡导艺术和手工艺相结合，他建议通过复兴手工艺，来重建艺术和设计的紧密联系。之后，在他观点的影响下，英国成立了一所反工业的、以手工艺为基础的设计与生产学院。事实上，莫里斯的观点不只影响了艺术和产业的脱离，也致使在教育领域中对艺术的格外重视。例如，英国皇家艺术学院在 1896 年成立之初以艺术教育为主，而发展至今，其变成了一所以设计教育为主体的艺术学院，但学校仍旧保留着"艺术学院"的名称，始终未更名为"设计学院"，这体现了在英国格外重视艺术教育的传统。

图 2.4　威廉·莫里斯　　　　　图 2.5　威廉·莫里斯设计的雏菊装

　　　　　　　　　　　　　　　　　　饰图案，1864 年

📖 威廉·莫里斯（1834—1896）

威廉·莫里斯出身富裕家庭，就读于牛津大学埃克塞特学院，并在那里受到约翰·拉斯金（John Ruskin）的影响。他的朋友但丁·加百利·罗塞蒂（Dante Gabriel Rossetti）等人创建了拉斐尔前派（Pre-Raphaelite Brother-hood），在绘画上追求古典的复兴，反对"后拉斐尔"时代机械的学院派教学与画风。威廉·莫里斯亦是拉斐尔前派兄弟会的一员，在绘画与设计理念上都有追求古典、反对机械化的倾向。

1851 年，于英国伦敦举行的第一届世界博览会，是当时极为盛大的活动，无论工业、政界、商界、艺术人士都相当重视。威廉·莫里斯看完展览之后却极为失望，他认为展出的工业品过于粗糙、制式，毫无美感可言。于是威廉·莫里斯与拉斯金、普金（Pugin）等人主导了艺术与手工艺运动（Art & Craft Movement），以抵制工业制造品及媚俗的矫饰艺术，倡导手工艺的回归，把工匠提升到艺术家的地位。他认为艺术应当是平民可以承受的、手工的、诚实的。

1861 年威廉·莫里斯与朋友创立了莫里斯、马修、福克纳公司（Morris, Marshall, Faulkner & Co.），前期专门设计、制作中世纪与哥特式的家具和手工艺品，后期生产的家具大致分为阶级家具（state furniture）与日做家具（work-day furniture）两大类别。最后在莫里斯的坚持下，该公司的合伙人都离开公司，公司改名为莫里斯公司，继续制作、贩卖莫里斯所设计的各种手工艺设计品。

1891 年，威廉·莫里斯成立了自己的出版社——凯尔姆史考特出版社（Kelmscott Press），并且将晚年大部分的时间投注于书本以及纹样的设计上，其中的许多书本设计成为了历史上的经典案例，例如《杰弗里·乔叟作品集》的设计。

英国在经历了从 1873 年至 1896 年严重的经济萧条后，紧接着又是 15 年的经济动荡期，这使英国的技术领导力地位继续下降。同时，美国和德国等其他工业化国家开始以更加积极和开放的态度面对海外市场的投资机会，进入到高速的工业化发展阶段，这一趋势在 1901 年维多利亚女王去世之后尤为明显。在经过第一次世界大战的破坏、20 世纪 30 年代的经济危机，以及之后几十年相对缓慢的发展和一系列政治经济事件后，英国在 19 世纪一直保持的国际领先地位被彻底摧毁。然而，虽然英国经济没有像欧洲其他国家那样快速发展，并且逐渐失去了海外的殖民市场，但是英国的专业设计却逐渐出现并持续发展，尤其是专业的设计顾问的出现。

第二节　英国政府对设计管理的推动

英国工业设计的职业化发展开始于 1937 年设立的工业设计师注册制度。然而，设计在整个 20 世纪 20 至 30 年代的发展都是滞后的，因为当时的英国设计过于专注对设计理论和概念的探讨而忽视了设计实践。直到 50—70 年代，设计专业在实践领域才得到真正发展，并逐步形成了设计专业所独有的结构和工作方法，建立了一支具有影响力的专业队伍。设计在这一时期快速发展的原因主要有两个：一是英国政府通过国家政策和各种推进组织所开展的设计促进活动；另一个则是来自设计顾问自身的实践经验。

英国政府一直积极地为设计发展提供支持，并颁布了相应的创新鼓励政策。英国通常通过国家层面的设计政策资助设计（管理）研究项目，在产业和大众中推广设计。为了有效地在社会各个层面以多样化的方式推广设计，政府亦成立或资助了相关的设计代理机构及组织。而在各类推广机构中，设计委员会（Design Council，前身为工业设计委员会，即 The Council of Industrial Design，简称为 CoID）在连接设计实践和国家政策间扮演了重要的角色。

图2.6 "英国能够做到"展览目录

图2.7 卧室家具设计, 1946 年

设计委员会在英国战时政府贸易委员会主席休·道尔顿(Hugh Dalton) 的倡导下于 1944 年成立, 其目的是 "运用一切手段在英国产业产品中改进设计(to promote by all practicable means the improvement of design in the products of British industry)"①。在其成立后的一段时间里, 设计委

图2.8 餐桌椅设计, 1946 年

员会被视作英国战后国家形象的主要宣传工具, 通过设计好的商品努力进入海外市场。为了在制造商和消费者之间推广好的设计, 委员会组织了一系列的展览、演讲和论坛, 包括 1946 年的 "英国能够做到" (Britain Can Make It, 简称为 BCMI)、英国设计周、1949 年开始发行的设计杂志、1951 年的英国节、

---

① Russell, G., *Designer's Trade: Autobiography of Gordon Russell*, London: Allen & Unwin, 1968, p. 230.

1956 年建立的设计中心和 1957 年开始的设计中心奖励计划。

实用计划

就实践的执行层面而言，1939 年爆发的第二次世界大战为英国政府的重要的设计推广计划——实用计划（Utility Programme）的实施提供了条件。在被德国炮弹炸毁的英国城市里，许多房屋被毁坏，同时木材的储存量由于频繁的轰炸也大大减少。在战后的家园重建中，家具的短缺问题变得极为严重。而家具的缺乏有可能造成市场的混乱和暴利行业的出现，政府必须想办法避免这一状况，以保证战后社会的稳定与快速复苏，避免因为这一情况可能会导致的战后市场情绪的低落以及社会道德的败坏。

图 2.9　家具购买许可券

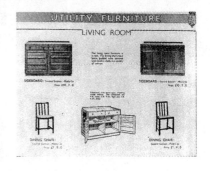

图 2.10　起居室家具图册

图 2.11　起居室家具实物展示

在著名家具设计师戈登·拉塞尔（Gordon Russell）的指导下，一个完整的、标准化的、系统的家具计划诞生了，以用来满足战后的社会日常需求——这就是实用计划，一个完全由政府控制的，从家具材料、设计、生产、渠道到销售的全过程的设计项目。也只有在战争年代才能实现对这一全过程的完整控制，而这也展示出设计可以通过合理有效的方法和规划来满足人们的需求，尤其是在有限的成本和时间下。

　　然而，即使在这样理想的状况下，这项完全由设计主导的家具计划却以失败告终。就消费者和市场需求而言，当时战后的英国居民虽然急需家具，但是受传统消费观念的影响，他们更加喜欢繁复的宫廷式装饰风格或田园风格的家具。和他们的心理需求相比，实用计划中所推出的家具就显得过于简单，甚至有些简陋了。因此，一旦家庭状况稍微转好，有能力到市场上购买自己喜爱的家具，实用计划的家具就被很多家庭弃置或是卖到黑市。而黑市商人深知消费者的需求，他们会在这些家具上加上图案或是其他装饰物，再在黑市上销售。虽然消费者对于家具款式多样化的需求最后也被高登·拉塞尔等此项计划的负责人认识到，并且计划推出第二批更多可供选择的家具，但此时的消费者已有能力自行选择购买，而无需依靠该计划。因此，第二批家具还未面世，1951 年该计划就完全中止了。设计委员会展开的其他活动，如"英国能够做到"展览也受到了产业界的批评，政府和专业设计师所宣传和倡导的好设计，却在市场上令消费者无法接受。

　　就其结构而言，设计委员会是典型的英国模式，由英国政府资助但并不完全由政府控制。设计委员会的角色本应该是政府和当下产业社会实践的沟通桥梁，但实际上，不论是政府还是产业，委员会都无法真正地融入其体系内部。这样，它就一直处于一个尴尬的境地，既不能够真正地参与到企业的设计管理实践中，也不能参与到政府的政策制定和设计教育的发展中。这最终导致了人们对设计委员会的一系列负面评价。以家具贸易委员会成员麦克尤恩（G. H. McEwan）的报告为例："制造商们对工业设计委员会持怀疑态度，因为他们是一群充满幻想但远离现实的人……委员会脱离大众的品位，也从未意识到'英国能够做到'所展出的当代设计作品是卖不出去的。"①

---

① Woodham, J., "Design Promotion 1946 and After", in P. Spark(Ed.), *Did Britain Make It?British Design in Context 1946－1986*, London: Design Council, 1986, p. 58.

第三节　英国设计顾问公司的管理

作为英国专业设计发展的另一个主要推动力量，设计顾问公司事实上为设计实践和设计管理提供了主要的环境与条件。大约在 20 世纪 30 年代，英国开始尝试按照美国的模式发展设计顾问服务。当时出现了一系列介绍美国设计思想的书籍和文章，比较有代表性的有：约翰·格洛格（John Gloag）1944 年出版的《产业生产中缺失的技术人员》（*The Missing Technician in Industrial Production*），1946 年出版的《工业艺术诠释》（*Industrial Art Explained*）；哈罗德·范·多伦（Harold van Doren）在 1944 年出版的《艺术与工业》（*Art and Industry*）；墨瑟（F. A. Mercer）在 1947 年写给皇家艺术学会的文章《工业设计顾问》（"The Industrial Design Consultant"）。受这些思想的影响，英国早期的顾问设计师开始在这一时期出现，并成为传统体系里驻厂设计师的替代选择。之后，更成熟的设计公司在 20 世纪 50 年代开始出现，其思想主要来源于：（1）英国皇家艺术学院，并受北欧设计风格的影响，即把设计师和手工艺人结合的概念转化到现代设计公司中；（2）受美国设计事务所启发的新型的国际设计服务。从 70 年代后，更加专业化的新型设计公司开始出现，他们通常在大型的组织里以不同的专业小组的形式存在。

英国最早的设计顾问公司是 1942 年在第二次世界大战期间由英国政府信息部成立的设计研究部（Design Research Unit，简称 DRU）。它是一个依靠政府资助而成立的顾问公司，其目的是建立设计师和工程师的综合联系网络，以为产业发展提供实用的建议，它可以被视作英国的第一个设计顾问公司。

设计研究部（1942—1972）

设计研究部由艺术批评家赫伯特·里德（Herbert Read）、建筑师米莎·布莱克（Misha Black）和平面设计师米尔纳·格瑞（Milner Gray）共同创办。它强调的是多方位的设计服务，正如其创办声明中所说："如同现代产业的每一个方面，设计也应该是一项合作的活动。"其目的不仅是要把艺术和产业结合在一起，更是要设计出能为每一个消费者服务的产品。在设计领域，这一野心在1951年的英国节达到了顶峰，其目的是为了纪念1851年伦敦世界博览会一百年。

设计研究部为英国的许多企业品牌化提供了重要的设计服务与支持，这些企业覆盖各个行业领域。但在其所有的设计当中，最为出名的应该是为英国铁路设计的标志。

图 2.12　伦敦街头指示系统，以及大巴　　图 2.13　设计研究部为 1951 年英国节
　　　车上的英国铁路标志　　　　　　　　　　　提交的设计方案

这些设计顾问公司随着业务的发展，管理问题也逐渐突显。在实践中设计和管理的关系可以划分为两个发展阶段：第一阶段，管理不同的职能，如项目管理和财务管理等；第二阶段，管理拓展的业务。多数设计顾问公司的初期阶段是由几个设计师合伙建立的，其创始人通常都有设计或相关的专业背景。他们往往缺乏运营企业的经验和知识，为了解决发展中面临的经营和

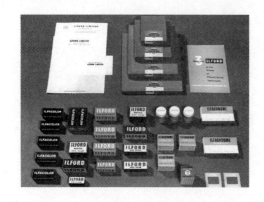

图 2.14　设计研究部为依尔福公司设计的
包装和文具，1946 年

管理问题，许多顾问公司开始考虑聘请管理顾问或相关的市场专业人士。这即是最初的设计和管理在实践中的结合。

第一阶段的设计管理问题出现在 20 世纪 50 年代，当时的英国已经出现了一大批设计顾问公司。仅在伦敦，就已经有数百名在大型公司或是广告代理公司工作的设计师。根据英国工业设计委员会在 1970 年代的一份调研报告显示，到 1960 年代末期，全英国大约有 1500—2000 家设计顾问公司。这些公司的规模从 1 个人到 50—60 人不等。也正是在这一时期，许多现在知名的设计公司负责人开始进入到设计顾问的行业。其中包括大卫·奥格尔（Divid Ogle）和汤姆·卡伦（Tom Karen）开设的奥格尔设计公司，杰姆斯·皮尔迪奇（James Pilditch）创办的国际设计师联合会（Allied International Designers），阿兰·弗莱彻（Alan Fletcher）建立的福布斯与吉尔公司（Forbes & Gill，即五角设计公司［Pentagram］的前身），以及沃尔夫·奥林斯（Wolff Olins）以自己名字命名的公司等。此时的新一代设计师们更愿意融入商业的环境中，而当时的英国社会也造就了设计和设计师发展的黄金时期，以流行音乐、迷你裙和披头士为代表的大众文化刺激了这些年轻的设计公司的发展。这些都使得当时的设计变得更加流行，更加贴近大众。在这样的氛围里，设计顾问公司得到了快速发展，其规模也开始扩张。在 70 年代初期，一家聘用了 20 人的设计顾问公司可被视为大型公司，而到了 70 年代中期，中等规模的设计公司都已经聘有 20 多名员工，一些大型的公司更是有超过 50 名员工。

这一时期的设计顾问公司发展特点表现为：（1）70 年代初期，新一代设计顾问公司来自第一代设计公司；（2）设计在零售商业领域有引人注目的突破。由于特伦斯·考伦（Terence Conran）的实践成果，零售商业领域不得不承认设计师是有力的商业资源，而多专业领域的顾问公司也在这一时期出现，越来越多的设计顾问开始把自己的工作室名字改为公司名称，政府也对设计的价值有了更加客观和积极的认识。在这些变化下，设计管理开始被视为能够平衡设计顾问公司内部设计项目和管理其发展议题的有效途径。

📖 特伦斯·考伦（1931— ）

特伦斯·考伦比其他任何设计师对于其所处时代的英国现代生活的影响力都大，尤其是通过其多样化的事业发展路径。从就读的伦敦中央艺术与设计学院毕业后，21 岁的考伦成为一名独立设计师。他坚持设立自己的品牌商店，以向世人证实他的设计作品是有市场的，即使其他的商店都不愿意销售他的设计作品。因此他成立了爱必居（Habitat）家具公司，从一个高端售卖店最后发展成为全国、进而全球的连锁店。爱必居把战后英国带回到其本来的样子，它基于简单的形态、自然的材料和鲜活的色彩，创造了独特的现代化形象，其作品像是被赋予了人性的英国版包豪斯样本。无疑，爱必居在商业上取得了巨大的成功，同时也显示出了设计的迷人魅力。

爱必居成为考伦进军零售业主流的跳板。作为 Storehouse 集团的创办者，他随后收购了 Heals 家具，并成立了 Next 时尚连锁品牌，同时还运营了英国家居用品店 British Home Stores 和 Mothercare。他通过这些平台不断地把好的设计作品带到大众市场。同时，他通过考伦商

图 2.15　特伦斯·考伦

店的连锁店在伦敦、巴黎、纽约和日本等地产生着持续影响。

与此同时，考伦设计顾问公司也在英国展开其专业化的设计服务，它们关注室内设计、产品设计和平面设计。考伦甚至进军餐饮业，并用考伦商店里的产品装扮其餐厅。他的第一间餐厅 The Soup Kitchen 于 1953 年在伦敦开业，随后他在世界各地都开设了餐厅，包括哥本哈根、东京、巴黎等。

图 2.16　特伦斯·考伦在伦敦开设的咖啡厅　　图 2.17　特伦斯·考伦设计的家具作品

这一时期的设计顾问公司多是以设计师独立或合伙的方式开设，他们虽然具备很强的设计专业知识，却缺乏经营的经验。为了解决发展中的商业管理问题，不少设计公司开始少量雇佣专业管理顾问或是市场人员。基于这些来自设计实践领域的问题，设计顾问公司和管理顾问公司在 1970 年共同举办了一个题为"管理中的设计"的会议。会议主要从两个方面讨论了设计与经营管理的关系：（1）通过应用管理顾问的形式来帮助设计师，确保设计公司明确其经营目标；（2）通过管理顾问把设计顾问介绍给更多的客户。

案例：迈克尔·皮特（Michael Peters）与他的设计公司

迈克尔·皮特是一位成功的英国设计师，建立了多家设计公司，包括 Michael Peters and Partners、Michael Peters Group PLC 和 Identica。在其公司建立初期，虽然他已经建立了非常好的客户群、盈利结构和工作量计划，然而一个坏账却差点拖垮了整个公司。他很快吸取教训，聘请了一位专业的管理顾问鲍勃·斯利佛（Bob Sliver）来帮他快速地建立了财务管控体系并制定了公司的拓展计划。而为了解决市场问题，迈克尔·皮特又聘请了一位市场总监和一位公共关系经理去处理媒体信息，这使得他的设计公司得到了稳步的发展。

　　第二个发展阶段从 1980 年代开始，受到了转移的经营模式和全球化发展的影响。设计顾问公司开始经历上市、并购和经营转移，在经营规模不断拓展的情况下，面对更多的挑战，例如如何有效管理公司内外的设计资源、如何把合约式的设计服务关系变成长期的密切的合作关系等。这些问题最终促使设计管理研究深入发展。为了应对更多的挑战，设计顾问公司开始通过雇佣各类专业人才来大力调整其业务结构，管理各种扩展的事务。

　　从 20 世纪 80 年代开始，大型的设计顾问公司陆续上市，以筹措更多的发展资金。就一些小型的顾问公司而言，它们也可以通过无牌价证券市场（Unlisted Securities Market，USM）的帮助来上市。这就导致了这些设计顾问公司的高层管理者的角色变化，他们所要负责的是"准备好清楚的账目和计划书，以让投资者明确地知道他们的主要工作内容和成果"①。在一家设计顾问公司内部，需要提升的财务管理和整体规划能力变得和设计能力一样重要。另一方面，随着上市后筹得的资金越来越多，设计顾问公司可以大展拳脚，而他们首先想到的策略就是通过扩张来实现全球化布局。例如英国的设计师相信自己兼具了欧洲设计师的条理性和美国设计师的直觉，他们的设计作品很容易被世界理解，能够服务于世界各国。而这一全球化的拓展事实上在 1970 年代就已经开始了，当时的沃尔夫·奥林斯为雷诺和大众奥迪品牌设计了全球的企业识别系统。而到了 1987 年，英国设计委员会的一项研究报告表明，当时的英国已经成为世界上设计顾问产业实力最强的国家。

　　在经营扩展的过程中，设计顾问公司所遇到的从人力资源管理到财务管理等一系列挑战，导致了设计管理研究逐渐成为潮流并不断地深入发展。在

---

① Linton, I. , *The Business of Design*, Wokingham, Berkshire, England: Van Nostrand Reinhold, 1988, p. 98.

业务扩张的初期，设计师的层级越高，往往就被要求工作更长的时间，而随着员工人数的不断增加，如何有效地控制工作量和培养新员工的问题显得日益急迫；从国内原有的较为单一的市场，拓展到更广阔的多样化的市场，需要更多和技能更全面的技术人员；就财务管理而言，拓展的业务也需要建立新的财务结构，以覆盖更多的成本内容，如不断增长的雇员、更多的固定资产和所需要支付给供应商的费用；地理覆盖面的拓展也为项目管理增添了难度，从原来的近距离管理，拓展到各地分支机构的管理……

面对这些挑战，很多设计顾问公司都开始通过聘期专业人士来调整他们的结构和管理模式，如迈克尔·皮特聘请了布莱恩·博伊莱（Brain Boylan）作为第二合伙人，而后者拥有 16 年的公司管理经验；考伦设计公司也采用了相同的方式，他们聘请了阿林·克劳德（Arlene Could）—— 一位伦敦商学院设计管理专业的毕业生，专门负责公司的长期商业战略……因为这些尝试，原有的设计和管理衔接的问题得以解决，例如考伦公司开始获得更多的盈利，同时减少了四分之一的设计师。某种程度上可以说，盈利比设计更重要。因为这些越来越多的成功案例，设计管理开始变成一个被热烈讨论的话题。

在英国，设计顾问公司的实践和人们对设计管理的研究直接促进了"设计管理"作为一门学问而产生。1960 年，多萝西·哥斯雷（Dorothy Goslett）出版了著名的《设计师的专业实践》（*Professional Practice for Designers*）一书，向顾问公司的专业设计师和自由设计师详细地介绍了专业的实践知识和设计行政管理。在学术领域，迈克尔·法尔在 1966 年出版的《设计管理》一书，主要内容也来自作者做个人设计顾问时所累积的经验，并专注于总结设计顾问与客户的沟通技巧和方式。基于在五角设计公司的工作经验，彼得·戈尔博在 1978 年出版了《设计推动生活》（*Living by Design*），并在英国伦敦商学院的 MBA 课程中设立了第一个设计管理研究班。

第四节　英国产业中的设计管理

就产业中的设计实践发展而言，最早对英国工业设计和设计管理做出贡献的是弗兰克·皮克（Frank Pick）。由于他对工业设计的长期推动工作，1928 年当选为设计与产业协会（Design and Industries Association，DIA）主席，并在 1934 年成为艺术与产业委员会主席。他最重要的设计贡献在于重新设计的伦敦交通系统，在他的努力下，该系统在 20 世纪 30 年代成为一个非常成功且高度统一的体系。然而就设计管理而言，这一交通体系仍旧属于公共服务的范畴，而不是政府和产业都十分关心的产业服务。

案例：弗兰克·皮克（1878—1941）与伦敦交通系统

经过多年的积累，伦敦的地铁集团逐步接管了伦敦一些小的公共汽车运营公司和有轨电车网络。当时整个城市的交通运输公司包括 5 家地铁公司、17 家有轨电车公司和 66 家公共汽车公司。1933 年这些公司合并成一家，即伦敦乘客交通委员会，而弗兰克·皮克被任命为管理总监。这样的合并使整个城市的交通网络形成了一个有机的整体，从而能更好地适应城市快速发展的需要。

合并之后，皮克开始把高水准的设计引入伦敦的交通系统。不仅是街上通用的展台标识，甚至车厢内的每一个细节他都以一定的设计标准来要求，其中包括巴士和地铁车厢里的座椅面料。他仅为座椅的面料就曾先后聘请了 5 位设计师和艺术家，最后一种厚面耐用的绒面织物被选中，并一直使用到 50 年代。

图 2.18　弗兰克·皮克

　　另一项要考虑的工作就是帮助乘客有效地使用新交通网络。20 世纪 30 年代早期，伦敦的地铁网络发展迅速，这也意味着很难把所有的线路和站点都放在一张地图上。乘客总是抱怨现有的地图太拥挤、混乱，很难看明白。为此，皮克任命原地铁公司的草图工哈瑞·贝克（Harry Beck）去设计一种新的图形表达方式。皮克最后选用了电路图的方式，每条地铁线路都用不同的颜色标识，而换乘站则为钻石状。拥挤的中央区域被放大，每条线路则被简化成垂直、水平或是对角线。考虑到这种图表化的地图也许一时难以被大众接受，他请人于 1933 年用小册子的形式制作了一个测试版本，结果反应非常热烈。这一地图也就很快地成为标准的地铁线路图被众人接受，而皮克也不断对其加以修改、优化，直到 50 年代。事实上，这一地铁线路的图示方式奠定了现代地铁线路图的基础，随后被广泛地应用在许多城市的地铁系统里，包括纽约、斯德哥尔摩、悉尼和今天的伦敦。

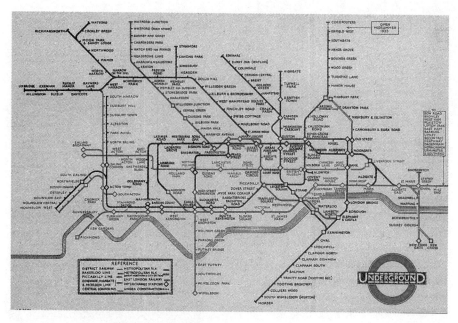

图 2.19　20 世纪 30 年代的伦敦地铁线路图

在第二次世界大战之后，随着市场的不断扩大，新的销售渠道体系开始出现。借助这些体系，欧美的公司得以扩展业务并发展成为大型的国际组织，而用于工业生产的资源也同时变得越来越不确定。1950 年之后，由于进口商品英国本土市场的市场份额不断增加，英国国内产品的市场不断缩小。英国政府为此进行了多项研究，发现造成这一结果的主要原因在于设计和技术发展的落后，它们直接导致了出口产品数量的大幅下滑。

然而在产业发展中，除了早期皮克的伦敦交通体系以外，直到 20 世纪 50 年代后才开始有大型公司雇佣"造型师"或"设计师"。尽管当时设计作为一个独立的产业已经有了一定程度的发展，但是设计师的地位仍然较低。企业往往倾向于依赖大型广告代理公司来获得其所需要的各类创意工作和市场服务。这一状况直到 1960 年代早期才发生改变，有少数英国公司开始较大规模地聘请设计师。针对此状况，学者们建议，发展设计必须在产业内重视以出口为主的市场，并改善设计专业和设计产业的沟通状况。作为对这一建议的回应，伦敦商学院设立了设计管理中心（Design Management Unit）。

同时，政府在这一过程中也扮演了非常积极的角色。1982 年，设计委员会推出了顾问资助计划（Funded Consultancy Scheme）。在这一计划中，委员会将为员工规模在 30—1000 人的企业提供两个星期的设计顾问咨询费用，使企业可以免费享受设计服务。如果他们对两周的服务满意，或是有进一步的兴趣，委员会还将为其接下来的两周提供半价顾问咨询费用。

各类研究从一开始就表明，英国制造型企业对于设计价值缺乏认识，也正因为如此，在英国的制造企业中设计与管理相分离。1977 年美国总统卡特在位时的政府报告指出，英国制造型产业缺乏对设计师所能带来的效益的认识，且英国的管理者被批评为"缺乏对设计潜在能力的认识"。在许多企业里，设计仅仅被视作改头换面的工具或是赋予产品一个漂亮外形而已。事实上，在很多情况下，就是因为缺乏对设计的正确认识和有效管理、规划，才导致了企业产品的失败。而且，即使一些制造型企业已经应用了设计，设计在其中也没有引起人们足够的重视，通常设计师和管理者的关系非常疏远。作为一个有着设计和企业经营背景，且在设计和教育领域均有丰富实践经验的研究者，艾伦·托普连准确地概括了这一情况："英国在所有工业国家里的地位明显下滑，这充分说明了设计对于企业盈利的决定性作用。"

第五节　英国设计管理的发展

一、设计管理的出现

英国设计管理的出现和发展主要来源于两个方面：一是设计顾问公司的实践；二是受英国政府支持的设计管理教育与研究。在英国，设计管理一词正式进入历史记录源于 1965 年由英国皇家艺术协会和设计委员会共同颁发的第一届设计管理总统奖。在该奖项中，设计管理被定义为企业进行设计活动的必备路径，是一种消费者、职员、管理者等各种人共同达到的对企业的完全质量管理。一年后，迈克尔·法尔在 1966 年出版的《设计管理》一书中对这一词语作出了进一步的阐述。

在英国，不论是设计专业还是设计管理的发展，都主要根植于 20 世纪 30 年代开始的设计顾问实践。和美国的设计实践相比，英国的设计顾问在当时的影响力较小且地位低于设计师，其真正的发展是在战后时期。在那时，管理的重点从 70 年代对不同职能的管理转变为 80 年代管理转移的经营模式和全球化业务，管理问题随着设计顾问公司的数量和规模的不断发展而日益突显出来。正是在这一变化的背景下，设计管理逐渐被认可为一种有效沟通设计和管理议题的重要桥梁。

二、设计管理教育

英国的设计管理教育主要为商学院里的设计管理和理工大学里的设计

管理。1976 年彼得·戈尔博在伦敦商学院的 MBA 课程里开设了设计管理课程。他认为设计和管理的连接应该首先从管理方面努力，他在伦敦商学院的努力直接导致了设计管理专业的随后成立，这一模式也成为英国其他商学院的模板。在皇家艺术学院，布鲁斯·阿彻（Bruce Archer）从学术的角度强调设计管理的重要性，并鼓励创新；布莱恩·史密斯（Brain P. Smith）更是努力发展和研究了设计管理的哲学。在他们的研究基础上，皇家艺术学院也开始设立相关的课程，并明确强调其细化的研究方向：设计项目管理。

在另一类院校——英国的理工大学里，设计管理教育主要集中在研究生的管理课程中，侧重介绍对于设计的管理（即 Management of Design）。和商学院的教育重点所不同的是，理工大学注重对于工程、设计和管理的合作、发展与执行的研究。其课程通常被命名为"管理设计"（Managing Design）而非"设计管理"（Design Management），这是因为管理设计更加强调的是不同经营职能之间的联系，而不像设计管理强调的是一个单一的新学科。管理设计的教育重点是发展管理学科的研究生们的广泛的设计意识，以培养未来产业管理者对于设计角色的认同，且让他们具备应用和管理设计的能力。这类课程在英国 29 个院校逐步发展，其中一部分院校是受政府鼓励而建立此专业。一些院校在推广此专业的过程中却有疑虑，由于他们对课程不了解，对其价值也不确定，把该课程放到了本科生的商业管理学习中。

如今，英国有着全球最为广泛的设计管理本科和硕士学位课程，其目标是服务设计师和管理者对设计和管理知识的综合需要，其设计管理硕士多授予艺术硕士（Master of Art）学位。

总结：学界里的英国设计管理

在英国，设计管理起源于早期的设计师实践，他们通过把好设计的概念介绍给政府、制造企业和公众，从而在广泛的产业实践中进行专业化的设计。他们的努力在第二次世界大战后影响了政府对于设计的认识，政府开始设立工业设计委员会，并通过展览、设计政策等各项措施推动大众和企业对设计的认知。与此同时，专业设计师获得了更多的发展机会，之前不被人看好的设计顾问行业也发展得很快，这些设计顾问的实践直接刺激了"设计管理"概念的产生。

自从工业革命之后，英国始终保持着较弱的工业结构并依赖于殖民贸易市场。到 20 世纪，尤其是第二次世界大战之后，英国的制造业已经被德国和美国等其他国家超越。英国政府资助的一系列研究报告表明，英国产业和经济表现不佳的原因可部分归结为设计在产业里地位过低，产业管理者缺乏对设计重要性的足够认识。在这一情况下，英国开始通过成立工业设计委员会来促进设计在产业里的发展和应用。然而委员会组织的一系列展览、论坛，甚至政府颁布的设计政策都没有收到很大成效。另一方面，伴随着逐渐退步的制造业，设计与制造的直接断层仍然存在于实践中，与不断发展成一个独立专业领域和学科的设计管理相比，这一断层甚至变得更为明显。这也最终导致英国的设计管理主要由两个割裂的部分组成：理论与实践。从实践的层面看，其起源于设计顾问对设计的管理实践经验；而从理论层面看，主要是学术领域的相关研究，研究者们努力建全设计管理的知识体系。由于政府在推进设计方面扮演着积极的角色，并始终努力把实践和研究相结合，英国的设计管理不仅关注设计项目、组织和战略等管理议题，更包括对设计政策和国家竞争力的考虑。英国的设计管理试图在管理领域里发展出一个独立的与设计相关的门类；同时，它还试图从设计领域中独立出来，成为管理的一个分支。

第三章　日本的设计管理

日本设计管理的出现直接受到日本国内设计发展、演变的影响。第二次世界大战可作为日本设计发展历程中的关键节点，将其划分为两个部分：之前，日本主要受德国的影响，较多关注手工艺和新技术；之后，日本现代设计进入发展的重要阶段，不但奠定了日本设计的基础，也促发了被称为"日本奇迹"的出现。在这样的背景下，设计管理于20世纪50年代出现，并伴随着经济的发展和扩张而壮大、成熟起来。

第一节　来自国外的影响

日本的设计在不同时期和不同层面都受到以德国和美国为代表的西方国家的影响，学习方式主要有国家政策引导、参与海外学习项目和设计促进组织、引进国外的顾问团队等。

一、美国的政策影响

在第二次世界大战之后，美国的对日政策很大程度上影响了日本经济和设计的发展。1945年到1951年期间，由美军占领战后的日本，日本工业受美国的约束和管制。当时的日本大量进口并仿制美国产品。驻扎在日本城市中的大量美军直接把美国的生活方式带到了日本民众眼前，许多日本民众十分渴望美国的现代生活方式，认为那代表了一种民主社会中的干净、高效、平等的生活。

但是，这一时期的日本经济因美国的制约并没有得到发展，直到 1951 年爆发朝鲜战争，日本成为美国在亚太地区政治和军事布局中的一个重要堡垒。在这一情况下，美国的对日政策发生了 180 度的大转变，即由原来的限制转为完全的支持。日本企业接到了美国的军用物资和装备生产的大量订单。凭借这些订单，日本的制造企业既快速恢复了大规模生产制造的能力，又获得了丰厚的收入，为之后日本经济的发展奠定了强有力的基础，也是日本设计发展史中一个里程碑式的转折点。

二、海外学习项目

在日本的现代历史中，海外学习项目是其引进国外先进技术和知识的主要渠道，而这类学习项目大部分都由政府组织。这些项目从两个方面促进了日本设计的发展：（1）直接把国外的设计知识介绍到日本；（2）通过海外学习，培养了日本第一代设计师。

岩仓使团（Iwakura Mission）进行了早期日本历史上最为著名的海外学习项目，在 1871 年 12 月到 1873 年 9 月的一年 9 个月里，来自明治政府工、农、矿、金融、文教、军事、治安部门的数 10 名官员和 50 余名留学生，加上翻译、技术专家等共 100 多人乘坐轮船和火车，考察了 15 个欧美国家。岩仓使团离开日本的时候，日本基本上还是一个封闭的国家，人们对外面的世界所知甚少。这群官员考察了欧美各国的工厂、矿山、博物馆、公园、股票交易所、铁路、农场和造船厂，逐步认识到日本不但需要引进新技术，更要引进新的组织和思维方式，唯有如此，方能将日本改造为现代国家。使团成员们不因所见所闻而沮丧，反而在回国后充满干劲，并迫不及待地向海外派出更多的使团进行更细微的考察。在十月政变中获胜、以大久保利通为首的内治派（包括使团的大部分成员）主政后，把考察的收获大部分变成了现实，大力推进明治维新，使日本成了资本主义国家的后起之秀。日本从此

图 3.1　岩仓使团的主要成员

走上近代化、现代化顺利发展的道路。海外学习对岩仓使团的主要影响体现在五个方面：

（1）在英国考察时，使团认识到工厂、贸易、立宪、法令是英国强大的根源。因而大久保利通回国主政后效法英国，采取了"殖产兴业"政策来发展日本民族工商业，走致富兴国之路。

（2）考察各国宪法政治和议会，认识了欧美国家有限的民主自由。之后，日本政府效法德国君主立宪政体和军事强权政策，建立了以天皇为核心的立宪政体，并结合日本的尚武传统和武士道精神，走上了军事扩张、武装侵略的军国主义道路，给亚洲邻国带来了巨大的灾难。

（3）抛弃旧老师中国，认真求教西方，全面西化改革文化教育制度，学习西方的自然科学体系。

（4）大力称赞俾斯麦的铁血政策，认识到小国走向大国之路重在"内治优先"。归国后通过十月政变，以大久保为首的内治派（包括使节团的大

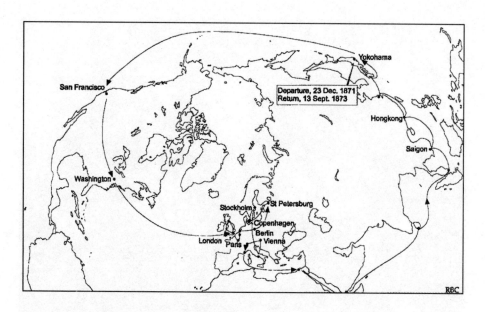

图 3.2　岩仓使团的访问路线（1871—1873）

部分成员）主政，发展内治，增强实力。

（5）大力称赞德国军事制度，主张全面学习德国军事经验。1873 年发布《征兵令》，招募组建近代常备军和警察队伍，进行军国主义教育，建立效忠天皇的私军，广建军校，发展军事工业，废除武士制度。

日本最早的专门以工业设计为目标的海外学习项目，由通产省（Ministry of International Trade and Industry，简称 MITI）所成立的日本出口贸易组织（Japan External Trade Organization，简称 JETRO）于 1955—1966 年间开展。其最初的留学计划选拔了 82 名日本学生，送往欧美的设计学院学习。应日本政府的要求，原本需要四年读完的本科课程被压缩在一年内。日本学生们在这一年内不但要熟练地掌握西方语言，更要以优秀的成绩完成每个课程的学习。最终，这些学生全部按照计划准时完成了学业并返回日本。回国初期，政府并没有急于安排他们工作，而是派这一批留学回国的设计师去日本各地，为企业介绍最新的设计和他们在海外的学习经验。之后，他们分别进入到企业、高校和专业设计领域工作，成为日本设计史上第一批专业设计师。受通产省所资助的海外留学项目的影响，从 50 年代起，开始有更多的专业设计组织或公司开展类似的设计项目留学计划，参与的人员数量也急剧增加。

三、顾问咨询

聘请国外的专家和顾问是日本现代设计发展史上学习国外经验的另一个主要途径。日本所聘请的海外顾问与专家可从三个层次进行划分：国家层面、设计专业领域、管理专业领域。

在国家层面，诸如哥特弗莱德·瓦格纳（Gottfried Wagener）和布鲁诺·陶特（Bruno Taut）等德国学者在 19 世纪和第一次世界大战之后受日本政府的邀请，在德意志制造联盟（Deutscher Werkbund）实践的基础上向日本介绍消费类产品的设计与生产。在第二次世界大战之后，受美国的控制和影响，日本政府从 1957 年起开始邀请美国学者，如乔治·尼尔森（George Nelson）和佛里达·戴蒙得（Freda Diamond）等对日本的商品重新审查，以考察它们是否适合出口。

在设计专业领域，雷蒙德·罗维（Raymond Loewy）、尼尔斯·迪夫里恩特（Niels Diffrient）和简·多布林（Jan Doblin）在 20 世纪 50 年代受通产省的邀请来到日本。他们的到访直接刺激了日本设计顾问咨询业的发展，对日本当代设计的发展影响显著。洛杉矶艺术中心学院的一组专家顾问团队于 1956 年受邀到访日本，他们对日本产品及包装的设计提出了改进意见，鼓励日本发展设计教育，并督促日本政府以长远的眼光审视新产品的市场与发展。

在管理层面，威廉·爱德华兹·戴明（W. Edwards Deming）和朱兰（J. M. Juran）应邀为日本企业提供顾问意见。伴随着他们有关创新管理的书籍介绍到日本，即 1951 年的《质量控制手册》（*Quality-control Handbook*）和 1960 出版的《商业研究中的样板设计》（*Sample Design in Business Research*），他们关于现代管理实践的思想也影响了日本的制造企业。

📖 威廉·爱德华兹·戴明（1900—1993）

威廉·爱德华兹·戴明生于美国艾奥瓦州，毕业于耶鲁大学，物理学博士，美国统计学家、作家、讲师及顾问。1928 年在耶鲁大学获得数学物理博士学位，后来在纽约大学任教长达 46 年。

二战后，他派美国政府派遣到日本协助人口普查，同时受日本科学家和工程师协会邀请，在日本产业界宣讲统计过程控制与全面质量管理等管理理念。自 1950 年以来，戴明多次于日本发表有关管理学方面的演说，内容包括改进设计、提升服务，通过统计学上的方差分析、假设检定等方法，进行产品品质测试，以便将产品推向全球市场。他的演讲受到了热烈的欢迎，之后他被多次邀请到日本指导质量管理，实施统计过程控制，全日本产业界掀起了应用统计过程控制和全面质量管理的热潮。统计过程控制和全面质量管理被认为是战后日本经济快速崛起的重要助推器，戴明在日本获得如日中天的声誉。1956 年裕仁天皇授予他二等珍宝奖。1951 年日本设立戴明奖，以奖励在严格的质量管理竞赛中获得优胜的公司。戴明的思想广泛地影响了日本的制造业及工商业，在日本被视为不可忘却的英雄人物之一。

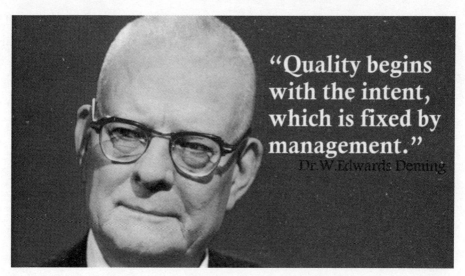

"Quality begins with the intent, which is fixed by management."
Dr. W. Edwards Deming

图 3.3　威廉·爱德华兹·戴明

之后戴明回到美国，开始了自己的顾问业务。但是战后的美国陶醉于唾手可得的市场扩张，很少有人问津其理念，因此戴明在美国并不为人所知。随着日本、德国等国的崛起，美国制造业山河日下。终于，在 1980 年 NBC 制作的一档纪录片节目《日本能，我们为何不能?》中，戴明作为嘉宾讲述了日本经验，全美国突然发现了戴明的价值。特别是福特汽车公司邀请戴明帮助其在 1980 年代初的重建取得重大成功后，他得到了全球产业界的认可。之后，他一直忙碌于全球的咨询业务，直到 93 岁高龄寿终。

四、设计教育

日本的现代教育开始于 1873 年，即岩仓使团出访欧美国家之后。受国外考察的启发，日本意识到了建立现代教育体系的重要性，并开始按照西方的模式发展教育，以推动日本的现代化。日本现代设计教育的发展原型来自于包豪斯，之后加之美国的影响，开始向着融合传统艺术和手工艺的方向发展。

在第二次世界大战之前，日本的设计以学习德国包豪斯为主。1924 年前后，日本开始探索现代设计，多次派人前往学习包豪斯经验。到 1930 年代，表现主义建筑逐渐消退，理性主义开始占据主要的建筑舞台，从而迎来了日本现代主义初期十年的建筑鼎盛期。理性主义建筑强调平面布局的合理性，追求施工、生产过程的工业化和经济性，以钢铁、玻璃、混凝土等现代材料塑造具有几何学特征的建筑形式。这一时期最为著名的当数 1932 年竣工、被布鲁诺·陶特盛赞为"世界上屈指可数的现代建筑"的东京中央邮电局，其外观采用了不作任何修饰的钢筋混凝土材料，形式朴素、简洁。此外，还涌现出了谷口吉郎（Taniguichi Yoshio）1932 年设计的东京工业大学水力实验室、土浦龟城（Tsuchiura）1935 年设计的土浦龟城邸、山田守（Yamada Mamoru）1938 年设计的东京递信病院、崛口舍己 1941 年设计的若狭邸等一批精致典雅的理性主义建筑。如果看看崛口的笔记，就会发现包豪斯对他产生的深刻影响。1926 年 5 月，吉田熏（Kaoru Yoshida）参观了新落成的德绍包豪斯，会见了格罗皮乌斯（Walter Gropius）；1929 年 3 月，木野正已访问德绍包豪斯，这时的校长是汉斯·迈耶（Hannes Meyer）。

最早在包豪斯留学的日本学生是水谷武彦（Takehiko Mizutani），他把包豪斯的思想带回日本，成为重要的美术和建筑教育家，在日本推行现代设计。水谷武彦于 1927—1929 年获得日本文部省的奖学金，到德绍包豪斯留学。1930 年回国之后，在动机美术学校建筑系担任教授，开设了包豪斯体系的"构成原理"课程。他之后在东京都立大学担任教授，直至去世。水谷武彦培养的学生中，影响最大的是柳宗理（Sori Yanagi）。1930 年，另外两个日本学生——山胁岩（Iwao Yamawaki）和山胁道子进入德绍包豪斯，之后跟随包豪斯迁移到柏林，毕业后回到日本，在日本推动包豪斯式的设计改革。

把包豪斯系统整个介绍到日本的第一人是评论家胜见胜（Masaru Katsumie），他于 1948—1949 年在日本的《工业艺术新闻》（Industrial Art News）杂志担任编辑。从那时开始，他全力以赴地推广以欧洲为中心的、以"好设计"（Good Design）为宗旨的设计体系。他一方面把 20 年代包豪斯的约翰尼斯·伊顿（Johannes Itten）倡导的凭直觉设计和莫霍利-纳吉（László Moholy-Nagy）的理性主义立场争论带进日本设计界和教育界，另一方面还把西方大量的关于设计的著作介绍到日本，其中包括英国作家赫伯特·里德（Herbert Read）的《艺术与工业》（Art and Industry）等。胜见胜把 1950 年称为"日本设计第一年"，从那时直到 1955 年左右，日本设计教育大规模快速发展，不少重要的设计学院在此期间成立。其中比较重要的有 1951 年成立的创意艺术教育学院（Creative Art Education Institute）、1954 年成立的桑泽设计学校（Kuwazawa Design School）、1955 年成立的视觉艺术教育中心（Visual Art Educational Center），等等。这些学校都比较明确地采用了包豪斯设计教育体系。胜见胜的推动，不但影响了日本自身的设计教育发展，也间接地影响了中国台湾、香港等地的设计发展。1951 年千叶大学（Chiba University）成立了第一个工业设计系，到 1959 年，全日本共有 6 所大学开设了工业设计系。

在早期的设计教育中，有两所政府资助的大学一直处于领先地位——千叶大学（前身为 1921 年成立的东京工业艺术学院［Tokyo College of Industrial Arts］）和东京艺术大学（Tokyo National University of Fine Arts and Music，前身为 1887 年成立的东京美术学校［Tokyo School of Fine Arts］）。这两所大学都由政府资助，于 1951 年成立。但在这两所大学里，工业设计向不同的方向发展着。在千叶大学，工业设计属于工程学系的一部分，而在东京艺术大学则属于美术方向。千叶大学工业设计的主要代表人物是真嗣小池（Shinji Koike）教授，后来他于 1968 年创立了九州艺术工科大学（Kyushu Institute of Design）。而东京艺术大学工业设计的代表人物是岩田小池（Iwataro Koike）教授，他后来参与建立了 GK 设计公司、日本工业设计协会和日本设计学会。

日本设计教育中的私立大学主要有两所：武藏野美术大学（Musashino Art University）和多摩美术大学（Tama Art University）。1967 年，武藏野美术大学成立了设计科学系，和九州艺术工科大学一起，共同代表着日本设计教育发展的第三种方向，即艺术与工程的结合。他们的教育目标并不是培养专业人士，而是创造通才，即拥有广泛知识的人。

其他一些学校也陆续在 20 世纪 50 年代和 60 年代建立了工业设计专业。其中公立院校有日本京都工艺纤维大学（Kyoto University of Crafts and Textiles）、金泽工艺美术大学（Kanazawa University of Arts and Crafts）、筑波大学（Tsukuba University）设计系。而较为著名的私立院校包括 1954 年桑泽·洋子（Yoko Kuwasawa）成立的金泽设计研究所（Kuwasawa Design School），以及 1966 年他成立的东京艺术与设计大学（Tokyo University of Art and Design）。

第二节　日本政府对设计发展的推进

在日本政府促进设计和设计管理发展的过程中，政府与商界的密切联系是其区别于其他国家的显著特征。政府和财团之间有着极为密切的合作关系，对于这一点，曾经在日本做设计顾问的约翰·郝斯科特（John Heskett）教授回忆，他在日本期间曾经应邀参加政府和财团管理者的聚会。在这一非正式的场合下，政府就将要实施的政策与财团交换意见。这种政府与财团的独特联系在其他国家是无法见到的，也是日本设计管理成功发展的重要因素之一。因为正是基于这样的关系，才使得依靠大量资金投入的设计研究项目能取得顺利进展。

日本政府为设计发展做出了多样化的贡献。有学者指出，正是政府所引入的新技术和质量管理的概念，才使得日本的产业能够在出口贸易中赢得市场。这也为设计进一步融入日本的企业经营播下了种子。以通产省为代表的日本政府机构及组织所推出的设计政策，在很大程度上使得日本社会对设计进行了巨大而持久的投入。1921 年日本颁布的设计法，要求专利申报，并声明设计的原创性；1959 年颁布的出口商品设计法（Export Commodities Design Law），要求正式登记设计；20 世纪 90 年代还有许多设计政策推出。除此之外，为了能够有效地推进设计，日本政府还设立了多样化的机构，诸如通产省、日本贸易振兴机构、日本工业设计振兴机构（Japan Industrial Design Promotion Organization，简称 JIDPO），以及各类设计奖项，其中最为著名的是优良设计奖（G-Mark）。

📖 **日本通产省**（Ministry of International Trade and Industry，**简称 MITI**）

日本通产省成立于 1949 年，在二战后对日本设计的发展起了积极的推进作用。过去它被认为是日本经济以及日本株式会社的总司令台，引领经济高度发展，在国际上被称为 Notorious MITI、Mighty MITI，曾为轰动一时的日本优秀官僚的代名词。通产省广泛行使许可权与指导权，以政府金融体系之融资、预算津贴、补助金作为主要推动力量，职掌产业政策。此外，为应对通商、贸易、技术革新而开展科学技术开发等相关工作，并掌握特许、能源政策、中小企业政策等广泛权限。

通产省内部设立了专业的设计部门，即 1958 年设立的设计部，现在名为设计政策办公室（Design Policy Office）；其外部，在专利办公室下于 1957 年成立了设计促进协会（Design Promotion Council），它是通产省的一个考试机构，同时也负责向通产省提供设计行政管理方面的建议。2001 年，通产省改名为经济产业省（Ministry of Economy, Trade and Industry，简称 METI）。

📖 **日本贸易振兴机构**（Japan External Trade Organization，**简称 JETRO**）

日本贸易振兴机构由通产省于 1951 年成立，并和通产省持续保持着密切关系。其主要的功能包括邀请国外设计专家作为顾问到访日本、组织海外学习计划等。1958 年，贸易振兴机构在海外设立办事处和贸易中心。1960 年，它仿照英国工业设计协会的模式，组织成立了日本设计屋（Japan Design House），并设立了设计奖项。它的主要工作是促进日本工艺品的出口，实施怀特计划（Russel Wright）和海外学习项目。在 1960—1969 年间，它的主要设计促进活动组织职能被日本工业设计促进会所取代。

📖 **日本工业设计促进组织**（Japan Industrial Design Promotion Organization，**简称 JIDPO**）

作为通产省的一个分支机构，日本工业设计促进组织成立于 1958 年。在成立后，它就组织了一系列国内外的设计交流活动。它是日本主要的几个设计组织的联系中枢，而这几个机构都是通产省的注册机构，包括 1951 年成立的日本广告艺术家俱乐部（Japan Advertising Artists Club，简称 JAAC）、1952 年成立的日本工业设计协会（Japan Industrial Design Association，简称 JIDA）、1956 年成立的日本工艺设计协会（Japan Craft Design Association，简称 JCDA）、1958 年成立的日本室内设计师协会（Japan Interior Designers Association，简称 JID）、1960 年成立的日本包装设计协会（Japan Package Design Association，简称 JPDA）、1964 年成立的日本珠宝设计师协会（Japan Jewellery Designers Association，简称 JJDA）和 1978 年成立的日本平面设计师协会（Japan Graphic Designers Association，简称 JGDA）。

📖 **产业艺术学院**（Industrial Arts Institute，**简称 IAI**)

产业艺术学院在政府的整个设计推进工作和二战后的设计实践中扮演了重要的角色。1928 年，产业艺术学院在日本仙台成立，当时名为北日本产业艺术促进会。它的主要工作包括邀请国外设计师来演讲或是从事顾问咨询、测试及研究。它从属于通产省，支持中小企业的研究并发展出口。1932 年它搬至东京，随后开始出版月刊《产业艺术促进》（Industrial Arts Promotion），该期刊在 1933 年改名为《产业艺术新闻》（Industrial Arts News），1974 年停刊。此后产业艺术学院一直致力于组织各类设计活动并邀请国外设计师到日本进行交流，直到 1969 年进行重组并改名。

在第二次世界大战中，产业艺术学院不断拓展服务范围，如组织国际展览等，包括 1955 年在瑞典举办的国际展、1957 年和 1960 年的米兰双年展、1958 年的布鲁塞尔世界博览会等。

除此之外，产业艺术学院对二战后日本设计与商业发展的主要贡献在于其和美国总司令部（American General Headquarter，简称 GHQ）的订单合作。1946 年，美国给了日本生产二百万个住房单元所需的家具和设施的订单，总共包括 30 个家具款式的设计和 95 万件产品的生产。在这个订单的完成过程中，产业艺术学院和日本企业密切合作，这些企业包括生产洗衣机和咖啡过滤器的日立公司、生产冰箱的三菱公司。这些订单合作使得这些公司有机会发展它们的技术实力，获得发展资金。

第三节　日本设计顾问公司的发展

日本的设计顾问行业是参照美国工业设计师的实践方式建立起来的。当日本政府邀请罗维到日本时，同时请他为和平牌香烟做新的包装设计。罗维设计的新包装促使了该香烟销售量的大幅增长，这一方面使企业认识到设计的价值，另一方面提升了专业设计师的信心，促使他们开始走向专业设计顾问的道路，这也为他们带来了大量的客户和市场机会。除了罗维的影响外，早期日本设计顾问的专业化发展还得益于亨利·德雷夫斯（Henry Dreyfuss）和哈罗德·范·多伦（Harold van Doren）等著名美国设计师的日语版专著的出版以及各类设计促进机构的支持。但 20 世纪 60 年代日本设计顾问公司的发展并不都受这些外部因素的影响，设计顾问公司内部的发展一直占据主导地位，即设计师自身的信心和专业度足以支撑其建立设计顾问公司，这一时期最为典型的代表就是 GK 设计和平野哲行设计顾问公司的成立。

 案例：GK 设计

　　1953 年，GK（Group of Koike）设计由岩田小池的四个学生成立，即荣久庵宪司（Kenji Ekuan，GK Associates 的创办人）、真嗣岩崎（Shinji Iwasaki）、柴田建一（Kenichi Shibata）和晴次伊藤（Harutsugu Ito）。GK 的发展可以大致分为三个阶段：

　　（1）从 1953 年到 1965 年：关注通过新的生产技术发展单一的产品设计，包括雅马哈的摩托车、Maruishi 的自行车和著名的 Kikkoman 酱油瓶。这一时期还成立了 GK 工业设计学院，并注册了 GK 产业协会，派成员去美国与德国进行学习。

　　（2）从 1965 年到 1975 年：关注对设计项目的理解，包括 1970 年为大阪世界博览会以及 1972 年为京都信托银行做的设计工作。

　　（3）1975 年以后，开始成立各类分公司，以提供多样化的设计服务。直至今日，GK 已经成立了覆盖各个地区、专业领域和职能的合作网络。

　　在现阶段，随着设计经营、产业和市场环境的不断变化，日本的设计顾问公司发展出三种新形态：系统网络型、市场研究型和技术主导型。

1. 系统网络型

这类设计公司的人员数量通常十分有限，一般在 10 人以内。然而，尽管其全职设计师和管理人员数目十分有限，但是当一个设计项目展开时，可能会临时聘用 30—40 名设计师、编辑、研究员或是规划人员。这一组织结构的优点是可以综合运用丰富的人力资源，且能够多角度地思考项目，也能够有效地控制成本及预算。但是，这样临时性的团队有时很难控制设计质量。

2. 市场研究型

这类设计公司关注市场研究，更倾向于建立自己的设计数据库，以囊括市场信息和基于各类产品消费者的研究成果。通过数据库和研究分析，这类公司有可能建立和应用自己的方法来评估设计项目。这类设计公司通常会把自己的设计服务提升到设计战略或品牌战略的层面。

3. 技术主导型

这类设计公司的工作介于设计与工程之间。设计师帮助工程师完成工程的视觉化的形象展示，用户和工程经理对产品的认知可以通过设计师对工程的视觉外化来建立和发展。

发展至今，日本设计公司形成了四个主要特点：

1. 专业设计顾问公司内的设计师占专业设计师的比例很小。

在日本，大约 5/6 的设计师是驻厂设计师，自由设计师或是专业设计顾问公司内的设计师只占很小的一部分。

2. 内部设计和外部设计的整合。

这是 20 世纪 90 年代开始出现的设计实践新趋势，一批 30 多岁的年轻设计师开始摆脱旧有的模式，展现出独特的想法和自我发展的意愿。和传统的设计师不同，他们更愿意独立工作。而他们的独特设计思路可以给企业带来更多的创新和创意，尤其当他们能够和驻厂设计师进行良好的合作时，会给人更多的惊喜。

3. 在主要产业类别中，设计顾问与制造型企业保持着长期稳定关系。

日本的设计顾问公司往往和主要的制造型企业保持密切的联系，例如

GK 和雅马哈（Yamaha），平野哲行设计公司和喜开理有限公司（CKD Cor-poration）。一份来自日本工业设计师协会的调查报告显示，设计公司的设计师平均每个月都会去拜访其客户一次。

4. 角色的局限性。

日本的顾问设计师所扮演的角色有很大的局限性，除非一些大型的设计顾问公司如 GK，情况可能会好一些，多数情况下，其角色往往更近似于一个企业里的设计部门。

第四节　日本企业中的设计管理

在第二次世界大战之后，日本产业结构和国家政策的调整大幅改善了制造企业对于设计的认识，企业开始逐步认识到设计的重要作用。另一方面，政府和企业之间的沟通也是不可忽视的，它直接导致了制造企业开始雇佣专门的设计师。

20 世纪 50 年代早期，日本的大型企业就开始建立自己的设计部门。然而在此时，大部分的工业制造设计工作仍然由工程师承担，且主要仿制欧洲的设计。最为典型的是佳能对德国莱卡相机的仿制，以及本田抄袭英国的迷你汽车（British Mini）。由于当时的众多日本企业不愿意聘用设计师且集中以低价格竞争，日本产品被冠以"廉价、仿冒和粗劣"的称号。

这一状况直到 60 年代才有所改变。设计逐渐在促进出口方面扮演重要角色，且大多数大型企业已经建立了自己的内部设计部门。设计师开始涉足市场研究、消费者研究和产品规划等综合性的工作。产品的生产标准被大大提升，一个更加合理化的大规模制造体系也建立起来。在之后的 1970 和 1980 年代，这些企业内部的设计部门重点关注规模的扩展和数量的增加，在发展过程中逐渐摸索出一些新的方向，包括重组部门结构、拓展新的角色、与外部设计的合作等。在 20 世纪 90 年代，大部分日本制造企业的设计部门都实施了重组计划，这是因为他们之前的工作过于关注大规模制造而导

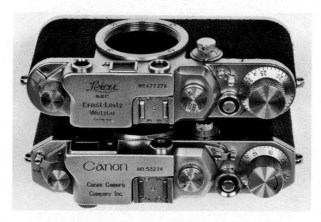

图 3.4　佳能相机（下）和德国莱卡（上）相机对比图

致设计同一化，缺乏突破性的设计。在重组后的设计部门里，开放式的设计流程被引入，进一步加强和拓展了企业和消费者的紧密联系。这种对企业内设计部门的组织调整，在现有公司体系内建立不同的创意部门的新方式，效果十分显著。

在日本，设计管理的概念完全来自于企业对内部设计部门的管理。随着从欧美学习引进的新技术逐渐在企业内广泛应用，日本的企业越来越清楚地认识到把这些技术转换到产品中的难度。同时，企业还面临着日益增长的设计需求和有限的专业设计师之间的矛盾问题。

日本企业对设计的运用特点可以总结为六点：

1. 在大型的企业里，高层主管重视设计职能，往往会对其给予强有力的支持；

2. 企业中的设计师能够与工程师和市场人员进行很好的工作交流；

3. 更多的是基于现有素材组件的加工、改造设计，而非全新的设计；

4. 制造企业和供应商之间持续的信息交流；

5. 对于新技术和制造的持续投入，以及持续地发展设计；

6. 对于设计教育的持续投入。

除此之外，日本企业的内部设计主要呈现为三个特征：

1. 通过在职训练、工作坊、学习探讨和岗位轮换来保持员工的工作活力；

2. 多样化的产品设计范围；

3. 强调研发，尤其是市场研究。

在日本，公司的声名远比设计师个人的声名更加重要，因此驻厂设计师往往不强调个人的荣誉和国际知名度，而通过设计部门强大的组织架构体系，支持企业在国际竞争中取得胜利。设计成为制造流程中的一个环节，从这一层面而言，日本设计师同美国、德国等欧洲国家一样，在制造流程的最前端便参与思考。

第五节 日本设计管理的发展

在日本，设计管理被视作促进日本经济增长的关键要素之一，伴随着日本企业的发展而发展，被人们广泛视为日本产品取得国际竞争力的重要因素。"设计管理"一词在日本出现于 1957 年，此时的日本刚刚进入战后经济快速发展的阶段。和其他管理词汇不同，"设计管理"一词并不是由英语翻译成日语而存在的，而是直接在日语里产生的一个新词"デザインマネジメント"。

在 20 世纪 50 年代，日本开始引进欧美的先进技术，企业也开始运用工业设计，以生产出符合本土消费者需求的产品。这导致了对设计师需求的大大增加，可是即使有大量的海外设计学习计划，学成归来的设计师数量仍然满足不了企业的需求。在这一情况下，"设计的有效性"成为经营管理人员尤为重视的议题，由此也导致了设计管理的产生。企业期望通过设计管理发现有效提升设计部门生产率的方法。为了明确设计管理的内容，日本管理协会（Japan Management Association，简称 JMA）发起了一项研究，共有 20 个不同企业的设计经理参与。与此同时，从 1958 年到 1960 年，协会举办了一系列设计管理会议，以此作为探讨、交流设计问题的平台。最终，它建立了一个设计图书馆，并出版了日本的第一本设计管理书籍。

日本的整个设计管理演化过程可以大致分为四个阶段：

1. 第一阶段（1957—1966 年）：设计管理的萌芽

作为设计管理发展的最初阶段，这一时期的工作主要关注两个方面：设计管理的定义和设计经营的标准化。自从 1957 年设计管理的概念被正式提出之后，专业的顾问咨询就对这两个方面非常重视。日本管理协会组织的一系列会议，提出了这一时期的设计管理内容主要包括设计部门的战略规划和系统化的经营方式。

2. 第二阶段（1967—1976 年）：设计管理的初步发展

这一时期日本设计的发展主要集中在两个方面：一是工业设计在国内外平台上的成长；二是工业设计对经济增长的贡献日益加大。国际工业设计协会于 1973 年在京都举办的年会，成为日本设计发展史上的一个重要里程碑，这代表日本设计被国际设计专业领域接受并认可。

同时，在日本的企业里，产品创新和发展设计也日益被人们重视，技术和设计管理开始被纳入企业的文化、经济和战略领域，这是迄今为止日本设计和经济史上最为独特的现象。最终，设计对于出口的促进作用得到广泛认可，设计师开始参与到市场研究、消费者研究和进一步的产品规划过程中，企业内部的设计力量迅速增强。所有这一切都拓展了设计管理的实践内容。

由于多样化的需求，当时的设计管理主题是研究有效的设计和管理方法，主要包括集群技术（Group Technology，简称 GT）和计算机辅助设计（Computer Aided Design，CAD）。这两项技术主要被用于解决产品多样化和生产标准化两者之间的矛盾。这为日本经济在人力资源有限的现实条件下寻求高速发展提供了基础。

3. 第三阶段（1977—1986 年）：设计管理的继续发展

日本工业设计在 20 世纪 80 年代进入成熟期。为了应对细分的市场和多样化的消费需求，企业的市场策略开始更加关注设计的投入。工业设计师和市场人员在产品研发的整个过程中，从一开始的概念化阶段到最终的产品广告都展开了更紧密的合作。这一时期设计的主要议题是如何通过设计来增加产品的附加价值。同时，面对全球的能源危机，日本的企业强调通过提高产品质量来降低销售成本。"设计的有效性"成为人们热议的话题。

这一时期的设计管理问题主要是如何在经济低增长时期运作企业，以及如何处理不同职能部门之间的关系等。伴随着种类消减方案（Variety Reduction Program，简称 VRP）和 CAD 的出现，设计管理的标准在这一时间段内得以建立。之后，随着人力资源的增强和设计部门生产意识的提升，企业内的研发部门也开始学习和研究设计管理。

4. 第四阶段（1987 年至今）：设计管理的震荡与发展

在这一时期，设计管理主要在两个领域表现突出，即设计和国家生活。在设计领域，1989 年是日本设计年，国际工业设计联合会在名古屋召开会议，而面向 1990 年代的设计新目标也得到认可。在国家生活方面，1992 年的经济泡沫深深震撼了整个日本社会，在此之前的设计服务年增长率高达 9%，而此时却急剧下滑，随之而来的是对设计投入的大幅减少和一些设计顾问公司的相继倒闭。

然而，随着经济的全球化，信息设计和高附加值产品的大量出现，设计管理的内涵逐步拓展到一个更加广阔的领域，其内容开始包括产品研发、组织管理和全球化问题。

就教育层面而言，日本的设计教育受到企业设计思想的影响。这是因为日本的设计属于工程专业，因此其教育往往和技术发展联系密切。同时，设计管理成为企业管理的核心内容，许多大学开始在设计系中开设与设计和管理相关的课程。除此之外，通产省在 2003 年和 2004 年向欧美学习设计管理教育经验，重新对设计教育进行定位，重点整合设计、商业与工程三者的关系，以促进跨学科的综合研究。日本的设计管理教育有两个主要特点：

（1）三个课程门类：按照课程的内容和形式，设计管理的课程可划分为授课式课程、实践式课程和项目式课程。在授课式课程里，学生主要学习设计与商业的基本知识，随后他们可以在实践式课程里进一步学习知识和练习技能。在项目式课程里，学生则有机会把理论和技术综合运用在实际项目中。

（2）综合的教师背景：就教师资源而言，包括了来自不同专业领域的全职和兼职教师。自 20 世纪 70 年代起，学习设计的学生人数快速增加，急需大量的教师资源作为补充，兼职教师大量出现。兼职教师多在实际的设计项目和专业领域工作，可以为学生带来第一手的实践信息。与此同时，来自其他专业和领域的教授也参与到设计管理的教学中，尤其是在授课式和项目式课程中，从不同的专业角度帮助学生理解设计管理问题。

总结：作为过程管理一部分的日本设计管理

就日本的设计管理发展过程而言，日本政府始终扮演着最主要的推动者角色。政府通过其在不同历史时期的职能机构，诸如通产省和日本贸易振兴机构，以及各类设计项目和政策，如海外学习项目、邀请国外专家与顾问交流访问等，来推进国内设计的发展。这些努力直接导致制造型企业和设计公司内部出现了专业设计部门。除此之外，为了引导方向，日本还建立了优良设计奖。伴随着设计教育的发展和设计研究——尤其是市场研究的广泛应用，日本的设计管理首先在制造业中出现。这也决定了其设计管理的内容不同于其他国家。日本的设计管理从初期直到现在，仍然是企业过程管理的一部分。

第四章 美国的设计管理

第一节 保护主义与美国体系

虽然现在的美国以自由市场而闻名，但是其产业发展初期的宏观经济背景却是建立在地方保护主义的基础之上。在美国被英国殖民统治时期，英国对其采取重商主义的贸易政策，把殖民经济定位于封闭的殖民体系内。独立后的美国延续了类似其之前所施行的经济政策。美国于 1770 年左右受到英国工业革命的影响，向着工业化和机械化的方向发展，逐步建立了现代制造的基础，把传统分散式的、不规则的家庭式工厂转换成了现代产业。同时，由于美国刚刚独立，这一新生的国家急切地寻求一个被世界所认可的新形象，因此，其产品被设计成具有历史意义的形态，以方便在未来更有效地进行批量生产。

美国最早的设计实践可以追溯到这一时期特殊的历史背景。时任美国第一届财政秘书的亚历山大·汉密尔顿（Alexander Hamilton）也是进口限制政策的积极拥护者，他于 1791 年提交了《制造者报告》（*Report on Manufactures*），其中重点强调了尚处在婴儿时期的美国产业的需求[①]。他声称，通

---

① Hamilton, A., *Alexander Hamilton's Papers on Public Credit, Commerce and Finance*, New York: Liberal Arts Press, 1957, pp. 67-72.

过强制性的关税保护政策可以保护美国新兴的各类产业，使其国内产业有足够的成长空间，促使它们发展到一定规模且能够在国际经济体内实现自给自足。作为一项基本国策，这一政策为美国初期的产业制造者提供了保护。

直到 1800 年左右，一条独特的发展路径在美国逐步形成，并初具规模，这一路径最终被称作"美国体系"（American System）。在整个 19 世纪，包括亨利·克莱（Henry Clay）在内的美国主要领袖人物在辉格党中继续延续着汉弥尔顿的美国体系，而这一体系直到 1851 年的伦敦世界博览会才真正被全世界认识。

在这次博览会上，虽然美国的展品一开始被严厉地批判为缺乏品位和没有装饰价值，然而最新改进的美国制造体系却实实在在地展示出了基于机器生产而设计的产品所拥有的低廉价格。而这一点最终被展览的参观者们所意识到，他们不得不承认美国在制造技术上的先进地位。事实上，美国所带来的为大规模制造产品所适用的设计影响了整个制造体系，包括制造工作的组织、生产的协作、工作流程的特性、市场营销的方法，以及产品的类型和造型等各个方面。

在 19 世纪后半叶，美国的社会、制造和艺术领域发生了一系列巨大的变革，包括弗雷德里克·温斯洛·泰勒（Frederick Winslow Taylor）对于科学管理的研究。泰勒的研究完全改变了美国人的生活方式，使之依赖于大批量制造的产品，其成果的影响力一直延续到 20 世纪并最终完全改变了制造管理系统。

1. 大规模制造：泰勒的科学管理

从 1880 年到 1900 年间，泰勒对于完成大规模制造工作的方法进行了一系列的实验研究。其研究成果之后成为提升工作效率的重要方法，被称为"科学管理"方法，并在 20 世纪被广泛应用。

2. 制造企业对设计认知的局限

从 19 世纪末到 20 世纪初，美国设计受到艺术与手工艺运动和新艺术运动等各类艺术运动的影响，伴随着标准化与合理化思想的发展，美国制造企业对于艺术产业化仍然不够重视，而是更倾向于抄袭最受欢迎的进口产品的设计来获得利润，不愿投资发展自己的设计。

3. 改变的生活：平等与机会

工业革命也可以被视作发展民主生活的重要途径，因为它代表了平等与机会。一个新的中产阶级由此产生，他们视技术为达成社会平等的关键。为了达到这一目标，新的制造企业开始寻求实用主义产品。这刺激了一批以追求技术进步为主要目标的人群的出现，包括企业家、设计师和发明者。

4. 20 世纪以前的设计教育

美国最早与设计相关的教育可以追溯到 19 世纪 20 年代，最早的机械学院于 1824 年在纽约和费城成立。然而，在接下来的数十年里，美国的设计教育落后于欧洲的设计院校，这是由于政府和制造企业对于设计的忽视态度造成的。直到 19 世纪 60 年代，当艺术和设计学院发展起来之后，才为设计专业在私立学院和大学的普遍建立奠定了基础。随后，美国政府开始发展产业艺术教育，主要表现为 1900 年建立包括国家教育局（National Board of Education）在内的委员会，以及 1909 年建立的促进产业教育的国家协会（National Society for the Promotion of Industrial Education）。

第二节 大规模制造

自 20 世纪初开始，大规模制造的概念就被日益强化。由于日益激烈的市场竞争大幅减少了利润空间，制造商们被迫通过提高产量以拓展消费群体。在这一情况下，价格和更好的外观成为赢得市场竞争的两个关键因素，也成为推进现代大规模制造和工业设计发展的主要动力。

一、非弹性的大规模制造

早期大规模制造的鼎盛出现于第一次世界大战前的汽车产业。在 1907 年，亨利·福特（Henry Ford）开始制造 T 型车，并承诺在不久的将来，汽车的价格将降低到普通大众都能支付得起的程度。现代大规模制造体系的原则是：在一个移动的生产线上大量生产标准化部件，生产线上的工人也必须适应这样的节奏。当亨利·福特的生产线生产第一次世界大战所需的战争装备时，整个世界都领略了大规模制造的高效力。

在这一时期，现代科学管理的理念在波特和泰勒的持续推动下得到了进一步发展。波特建立的企业管理结构很快在美国社会的各个层面传播开来。在其理论中，管理层和劳动者分离成两个截然不同的单位，且新的劳动阶层被新的中层管理阶层所控制。泰勒是劳动分工的主要支持者，本地的、各州的、联邦政府的代理机构开始建立起我们现在所拥有的政府官僚体制。

📖 弗雷德里克·温斯洛·泰勒（1856—1917）

泰勒从"车床前的工人"开始，重点研究企业内部各具体工作的效率。他长期在工厂实地进行试验，系统地研究和分析工人的操作方法和各种动作所花费的时间，逐渐形成其独具特色的科学管理体系。在他的研究中，工人的劳动强度、休息时间、工厂的照明环境，甚至工人使用的铲子的样式和大小，都是其研究对象。泰勒在他的重要著作《科学管理原理》中阐述了科学管理理论，其理论有两大要点：一是管理要走向科学；二是要成为劳资双方的精神革命。

泰勒认为科学管理的根本目的是谋求最高的劳动生产率，这是雇主和雇员达到共同富裕的条件，而这就需要用科学化、标准化的管理方法代替经验管理。泰勒认为最佳的管理方法是任务管理法。广义地讲，任务管理法的内涵如下：在这种管理体制下，工人们发挥最大程度的积极性；作为回报，他们则从雇主那里取得某些特殊的刺激。这种管理模式也被称为"积极性加刺激性的管理"。

泰勒还提出了一些新的管理任务：第一，对工人操作的每个动作进行科学研究，用以替代老的单凭经验的办法。第二，科学地挑选工人，并进行培训和教育，使之成长；而在过去，则是由工人任意挑选自己的工作，并根据各自的可能进行自我培训。第三，与工人密切协作，以保证一切工作都按科学原则进行。第四，资方和工人们在工作和职责上几乎是均分的，资方把自己比工人更胜任的那部分工作承揽下来；而在过去，几乎所有的工作都推到了工人们的身上。

科学管理不仅仅是将科学化、标准化引入管理，更重要的是提出了实施科学管理的核心问题——精神革命。精神革命是基于科学管理、认为雇主和雇员双方利益一致的观念。因为对于雇主而言，其追求的不仅是利润，还有事业的发展。而事业的发展不仅会给雇员带来较丰厚的工资，而且也意味着充分发挥个人潜质，满足自我实现的需要。正是事业使雇主和雇员联系在一起，当双方能够友好合作时，就能提高工作效率，创造出比过去更大的利润，企业规模得到扩大。相应地，也可使雇员工资提高，满意度增加。科学管理改变了雇主像对待机器一样对待工人的管理方式，改变了工人和雇主对立的状态，从而调动了工人的积极性。

泰勒的科学管理理论使人们认识到了管理学是一门建立在明确的法规、条文和原则之上的科学，从最简单的个人行为到经过充分的组织安排的大公司的业务活动，适用于人类的各种活动。科学管理理论对管理学理论和实践的影响是深远的，直到今天，科学管理的许多思想和做法仍被多个国家参照采用，例如每天 8 小时工作制。

在美国，大规模制造在 20 世纪 20 年代成为主导，在多方面促进了美国产业体系的发展，包括标准化、合理化，以及科学管理等，同时也改变了美国人的生活和观念。技术创新和大规模制造把原本奢侈的物品变得让普通大众消费得起，美国人开始在 20 年代进入"败家生活"（也叫"购买生活"，buying a living）状态。为了满足战后市场的需求，战时发展起来的生产能力开始转到消费类产品的生产上。为了能够使自己的产品符合市场需求，制造商们开始关注产品形态的多样性以及包装的视觉效果。然而，新需求和大规模制造体系本身的非弹性特征却在某些方面是矛盾的。

大规模制造的本质特征是非弹性的制造体系。这样的体系基于固定的生产线和标准化的部件，需要大量的投资才能建成。为了在这一非弹性系统上获取更高的市场回报率，产品必须不断地从这一生产线上大量地、重复地制造出来。生产线或是模具的任何一个小小的改变都会明显提高产品的成本。同时，这也要求必须有一个能消耗大量产品的规模市场，且这样的需求必须能被有效地管理。这一逻辑被郝斯科特阐述为："大规模制造要求大规模消费，并且大众的品位也要被对应地塑造。'消费者社会'的概念也就对应地产生了。"① 在这一情况下，设计被视作能够平衡大规模制造体系和大规模消费的最为经济和有效的方法。通用汽车是第一个运用这一逻辑来指导管理和生产、把汽车造型规划和产业管理相结合的公司。这也可以被视作汽车产业内的最早的设计管理实践。

二、通用汽车：在大规模制造下的管理设计

面对大规模制造所带来的一系列变化，通用汽车在 1921 年制订了新产品计划，强调造型在销售中的重要性。以此为基础，通用汽车的管理策略也在许多方面做了调整，涉及设计管理的战略、组织和执行三个层面。

在这三个层面，设计都扮演了重要角色，以提升企业的核心竞争力。在战略层面，通用汽车为该计划设立了一项具体目标："企业的未来主要依靠设计能力，以及价值的最大化和成本的最小化。"在此基础上，企业制订了年度产品改型计划。按照这一计划，企业设计出新的吸引人的汽车造型，以激发市场上对于新价值的新需求。然而，设计受到模具成本的限制。在这一情况下，通用汽车清楚地阐明了它的策略："造型必须适应大规模制造，而工程和生产环节必须按照造型执行。"在组织层面，通用汽车的总裁阿尔弗雷德·斯隆（Alfred P. Sloan, Jr.）建立了艺术与色彩部（Art and Colour Section），由哈利·厄尔（Harley T. Earl）领导。建立初期，该部门有 50 名职员，其中有 10 位设计师。从此之后，通用汽车的造型设计得到了快速的

---

① Heskett, J. , *Industrial Design*, London: Thames and Hudson, 1980.

发展。艺术与色彩部在 1938 年扩展成造型设计部（Styling Section）。在 1940 年，厄尔被任命为通用汽车的副总裁，这在当时是一个设计师所被聘用的最高管理职位。在执行层面，对设计的管理在持续发展。1935 年，通用汽车设立了产品认证流程，这一流程作为一个固定的体系和方法在 1946 年进行了修正和调整。按照其要求，完整的新产品计划包括三个部分：造型、工程设计、模具与总装，其中造型是最为重要的内容。

图 4.1　通用汽车 20 世纪 20 年代晚期的艺术与
　　　　色彩部

图 4.2　通用汽车 20 世纪 20—30
　　　　年代推出的车型

基于产品政策中的"年度新车型"逻辑，美国顾问设计师布鲁克斯·斯蒂夫（Brooks Stevens）在 20 世纪 50 年代提出了"有计划的废止"（Planned Obsolescence）概念。这个新的名词借消费者的"比实际所需要的产品更新一些、更好一些、更快一些的产品的需求"①，来描述商家为刺激消费而采取的有计划的"更新换代"。这一概念首先被克里斯汀·弗雷德里克（Christine Frederick）发明，并认为其能基于泰勒的科学管理技术来发挥作用。尽管"有计划的废止"受到了许多严厉的批评，尤其是来自于万

---

① 原文："desire to own something a little new, a little better , a little sooner than is necessary ."（Heskett, J. [2003], "The desire for the new: the content of Brooks Stevens' career". In Adamson, G. [Ed.], *Industrial Strength Design: How Brooks Stevens Shaped Your World*, Cambridge, Mass.: MIT Press, p. 4）

斯·帕卡德（Vance Packard）的批评，但它还是在 1950 年代成为设计的主题。事实上，通用汽车的产品政策和"有计划的废止"都可以被视作最早的、在大规模制造条件下的设计管理概念及其应用。

📖 有计划的废止

20 世纪 50、60 年代，为满足商业需要而采用的样式主义设计策略在汽车设计领域表现得最为突出，汽车的样式设计被不断更新。通用汽车公司总裁和设计师厄尔为了促进汽车的持续销售，在汽车设计中有意识地推行一种制度：在设计新的汽车样式时，必须有计划地考虑以后几年间应不断更换部分设计，使汽车最少每两年有一次小的变化，每三到四年有一次大的变化，从而造成有计划的"式样"老化过程，即"有计划的废止"，其优势在于刺激和满足消费者求新求异的消费心理。但这也造成了严重的资源浪费和大量的工业垃圾。"有计划的废止"主要表现为以下三个主要特征：

1. 功能性废止：使新产品具有更多、更新的功能，从而替代老产品。

2. 款式性废止：不断推出新的流行风格和款式，致使原来的产品过时而被消费者淘汰。

3. 质量性废止：在设计和生产中预先限定使用寿命，使其在一定时间后无法再使用。

在美国，"有计划的废止"这一观念很快波及包括汽车在内的几乎所有产品设计领域。尽管"有计划的废止"导致了一种极其有害的"用毕即弃"的消费主义浪潮，造成了自然资源和社会财富的巨大浪费，也在某种程度使设计产生了一种只讲样式、不求功能的形式主义恶习，偏离了现代设计功能主义的轨道，但是它深深地影响了战后美国的工业设计，对当今的设计界也有巨大的影响。美国 20 世纪 50 年代的商业性设计是价值创新理论设计观的典型表现。

价值创新理论着眼于设计的商业价值，强调通过设计为产品创造新的附加价值，提高企业利润。价值创新理论是在资本主义商业竞争的压力下产生的，现代主义设计的信条"形式追随功能"被"设计追随销售"所取代。

设计团队开始被看作是企业运作的一个生产部门和给生产商带来利润的工具，设计的指导思想也开始从拉斯金的"解决人的生活问题"向"为利润而设计"转变。

三、大规模制造下的专业设计

第一次世界大战是美国设计发展的一个转折点。美国的工业设计尽管在初期被视作对欧洲工业设计的模仿，但在这个时期之后却逐渐赶上并开始超越欧洲，且刺激了美国制造能力的快速扩张，使之在1918年转化成为消费潮流。基于大规模资本投资的大规模制造，企业不断地寻求减少成本和增加销量的方法与途径。标准化和合理化在这个时期出现，并被认为是有效的解决方法。改进的产品视觉形态成为刺激销售的重要因素。然而，1929年的华尔街危机和随之而来的大萧条时期大大增加了企业之间为了生存而展开的竞争强度。这些都最终导致了工业设计和制造的进一步结合。

美国的工业设计从一开始就融入产业的发展当中。然而，设计的价值直到经济大萧条时期才真正地被产业界所认识。在这一时期，工业设计更关注的是如何把普通的必需品设计得更加吸引普通大众，从而使其愿意购买。受到通用汽车成功经验的鼓舞，大型的汽车制造商及其他的一些产品制造商都开始建立自己的设计部门。与此同时，专业的设计顾问公司也开始从各类企业接到设计任务。这使美国的设计师开始有更好的机会去展示自己的能力，其工作范畴覆盖从短期的设计项目到把科学技术转化成为人类服务的设计领导力。流线型开始出现，成为经济复苏的信号。除此之外，美国政府的联邦艺术项目（Federal Art Project，从1935年到1943年）设立了美国设计指标（Index of American Design），以激发大众对设计的兴趣。在这一时期，美国最为主要的两个设计组织，美国设计师学会和工业设计协会分别于1938年和1944年成立。

在第一次世界大战之后，美国的设计教育仍然落后于欧洲国家。当时的一份研究报告显示，就数量上而言，美国的学校远远少于欧洲国家，如法国有 37 所，意大利有 24 所，德国有 59 所，美国只有 18 所。除此之外，教育界之前所关心的艺术产业的议题已经逐渐转变为如何把艺术与商业相结合的问题。

第三节　组织中的设计管理

在 20 世纪 30 年代的大萧条时期，受到通用汽车成功案例的鼓励，一批汽车企业开始陆续设立自己的设计部门，同时专业设计师也开始被各类公司所聘用。其中较有代表性的是通用电气公司在 1928 年聘用雷·帕滕（Ray Patten），西屋公司（Westinghouse）在 1930 年聘用唐纳德·多纳（Donald R. Dohner），以及美标公司（American Radiator and Standard Sanitary Corporation）聘用乔治·塞克（George Sakier）。

📖 **唐纳德·多纳**（1897—1943）

唐纳德·多纳是美国工业设计师，1926 年成为西屋公司的设计顾问，作为艺术工程师为企业授课。1929 年，被聘为西屋公司重工业事业部工程部门艺术总监。他和其他 8 名同事一起设计了 128 件产品，包括电炉、内燃机车、冷水器、烟灰缸等。1934 年，他离开西屋公司，在加州理工学院开设了全世界第一个工业设计专业。1935 年，他离开了加州理工，在布鲁克林的普拉特学院（Pratt Institute）开设了相似的专业，并成为专业负责人。1943 年，他和高登·利平科特（Gordon Lippincott）合伙开设了独立的设计事务所。

经济大萧条之后，设计和企业经营的关系，以及设计在企业组织中的地位都得到了持续的改善。然而，从另一个角度来看，当设计职能被整合到企业结构中后，这又意味着设计师的贡献是无法单独衡量的，必须把它放进为企业服务的目标和要表达的价值框架里去理解和评估。诸如在 IBM 等许多企业中，设计工作往往和大型的研发部门紧密联系，设计更近似于给研发的

图 4.3　唐纳德·多纳于 1933 年为西屋公司设计的无线电广播面板

工作成果一个更容易接受的外观形态。而企业界逐步建立起来的设计和商业之间的关系可以用 IBM 总裁托马斯·沃森（Thomas J. Watson, Jr.）最著名的一句话来表述："好设计就是好生意"（Good design is good business）。

　　最终，根据商业规模的不同，不同企业开始用不同的策略发展内部设计力量。一些中型企业主要依靠外部的设计顾问，而大型企业则更倾向于建立和培养自己的设计部门与设计人员。企业里的设计部门的负责人往往直接向公司的最高管理层汇报工作，并和工程及市场等其他职能部门的工作人员在组织结构中处于同样的地位。在一些企业里，工业设计部门独立运作，更像是企业内部的一个独立小公司。

　　而这一时期，企业内部的设计逐渐发展并形成了自己的特点，主要表现为：

　　1. 设计作为研发的一个部分

　　托马斯·爱迪生的工作成为美国成功的模型，也成为现代企业研发概念的基础。这一模式从一个新技术开始，然后吸引投资、投入制造，再上市销售，最后获得高额利润。

2. 多数企业缺少设计意识

虽然当时的美国大型企业，如赫曼米勒（Herman Miller）、IBM、苹果电脑、波音公司、福特汽车、康明斯发动机（Cummins Engine）和瑞侃公司（Raychem）已经意识到设计能够帮助产品保持竞争力，但是大多数管理者并没有充分意识到设计的重要性。在历史和当下的视角中都能够看到，美国企业更加关注的是技术风投、制造、市场和销售，而给予设计的发展空间较小。

3. 高层缺乏管理设计员工的知识

企业的高层管理者通常不知道应该如何对待和管理设计师们，使得设计师不能在企业发挥自己所学，这导致不少内部设计师另谋高就。

企业内部的设计管理在 20 世纪 40 年代持续发展。最有代表性的企业是IBM，它在 1943 年建立了自己的设计部门。尽管当时它仍然聘用了不少知名的设计顾问，包括诺曼·贝尔·格迪斯（Norman Bel Geddes），他帮助IBM 建立了企业内设计部门应具备的基本标准，一方面使得内部的设计团队能把握关于企业设计的整体方向，另一方面可以聘用外部的设计顾问，获取新颖的想法。

二战时期对于军事装备的需求是促进当时设计发展的一个主要因素。在战后，美国政府鼓励大批量制造的厂商把生产战时所需产品的能力转移到日常消费品的生产上。工业设计师在刺激消费者的消费欲望中扮演了重要角色，他们不仅参与由制造商资助的广告活动，也作为顾问或企业内部的设计师展开工作。由于他们出色和重要的工作，纽约州政府的商务部甚至在1944 年成立了设计部门。美国体系和工业设计的成功，使得美国的生活方式开始在各种展览中得到公开展示，包括 1939 年到 1940 年的纽约世界博览会、1942 到 1946 年的现代艺术博物馆的展览等。同时，企业从以前对于技术的强调开始转为对消费者行为的心理研究。

第四节　设计顾问：为商业而管理设计

在新的经济状况下，新一代的工业设计师诞生了。这些设计师有着不同的背景，并且有着不同的设计方法与成就。设计开始被认可为商业及产业活动里的重要因素，设计也成为大规模制造与销售中的专业要素。

在 20 世纪 20 年代早期，许多国外的设计师、建筑师、艺术家移民到美国。大多数艺术家从广告、舞台设计和商业插画转入工业设计领域，这促使了最早的设计顾问出现。在美国，第一代职业的工业设计师以"四大金刚"为代表，即 20 世纪 20 年代成为职业设计师的瓦尔特·多文·提格（Walter Dorwin Teague）、诺曼·贝尔·格迪斯（Norman Bel Geddes）、亨利·德雷夫斯（Henry Dreyfess）和雷蒙德·罗维（Raymond Loewy）。他们通过相同的方法建立了第一代工业设计公司，促进了美国设计顾问的职业化发展。他们的生活与工作为早期工业设计提供了指导，同时也促进了设计顾问公司的管理，包括建立设计服务的基本工作流程和行政管理方法等。例如，早在40 年代，诺曼·贝尔·格迪斯就建立了自己顾问公司的办公守则，并把泰勒有关工厂科学管理的理论融入自己设计公司的管理中。

二战后，美国政府帮助设计顾问公司把业务拓展到美国以外的国家。1955 年，国际合作总署（International Cooperation Administration，简称 ICA）和许多工业设计组织签署合约，这些组织往往参与从产品制造到市场消费的整个过程。每五个设计组织成为一组，被国际合作总署委派到不同的发展中国家或地区。拉塞尔·赖特（Russel Wright）事务所被分配到东南亚地区，包括中国香港和台湾、泰国、越南、柬埔寨等地区；戴夫·查普曼（Dave Chapman）的设计研究集团则和加勒比海国家合作；韩国国际合作项目管理的工作则交给了 Akron firm of Smith，Scherr and McDermott。这些美国的工业设计师也很愿意从国际合作总署拿到这些项目，因为这使他们有机会展示自己的设计能力，可以覆盖到更为广阔的世界市场。到 1963 年，有 16 家美国设计公司在海外开设了超过 30 家分公司，直接为国外客户服务。

第五节　职业化的设计管理

在产业设计的实践方面，50 年代的艾斯本（Aspen）会议和 1975 年成立的设计管理协会（Design Management Institute，简称 DMI）标志着设计管理在学术界得到承认。在实践中，不论是在企业还是顾问公司，一些设计师开始进入到管理阶层中。当他们处在管理者的位置时，开始意识到产品的外观等都只是所需要规划思考的广泛因素中的一小部分而已，还需要考量价格制定、程序、生产线控制和市场分析等。

艾斯本论坛通过一系列会议开始系统地思考设计在管理中的价值和意义，尤其是在 1952 年和 1953 年连续举行的"作为管理的职能设计"会议。1975 年美国波士顿马萨诸塞艺术学院建立了设计管理协会，涉足 20 世纪 70 年代晚期的诸多欧美国家设计管理运动。设计管理协会在其中的主要贡献在于组织会议、论坛、出版物和进行案例研究等。

📖　**设计管理协会**

设计管理协会 1975 年成立于美国波士顿马萨诸塞艺术学院，次年即举办了第一届设计年会，作为一个只关注"设计管理"这一单一议题的会议，年会取得了很好的声誉。设计管理协会 1985 年开始推行会员制项目，并把其网络拓展到了三个大洲。在 20 世纪 80 年代晚期，协会和哈佛商学院合作成立了第一个国家设计管理研究项目。1989 年，设计管理协会开始发行期刊《设计管理评论》（*Design Management Review*），这一期刊始终代表了这一领域的最高水准。1997 年，设计管理协会创建了设计管理的职业发展项目并举办了设计管理欧洲国际会议。

如今，设计管理协会的主要工作内容是：

1. 协助设计经理在其领域内成为领导者；

2. 组织、实施和促进研究；

3. 收集、组织并建立知识体系；

4. 促进设计经理、组织经理、政策制定者和学术界的互动交流；

5. 宣传设计经济和文化的重要性。

和其他国家不同，美国在全球拥有许多独特的资源，如巨大而成熟的国内市场、全世界最强的研发能力和技术、个人杰出的创造力等，这些都是发展设计梦寐以求的条件。这也使其设计管理具备独特的特点：

1. 巨大的国内消费市场。和欧洲国家不同，美国拥有大规模制造、城市化步伐和新兴阶层所共同塑造的巨大国内市场。

2. 设计发展的多元方向。美国工业设计在发展初期受到诸多因素的影响。1925 年以前的本土设计师被教育以工艺师的方式思考，并不会考虑大规模制造所需要的流程和材料。随着关于博物馆和百货商店各类展览的举办，建筑师成为传播新现代主义思潮的另一个主要力量。

3. 设计作为研发的一个部分。美国的公司以现代概念的企业研发为基础，并以此为模型不断复制。在大多数情况下，企业内部的设计师被视作研发部门的成员。

4. 机器和大规模生产制造紧密联系。在 20 年代后期，美国的设计师越来越意识到与其他部门的和谐联系能够产生速度、效率、精确度和可靠性，机器美学的合理性使得工业设计令人满意，商人对于设计的兴趣远远不及其对于利润增长的热情，而这通常会使设计师处于一个较为尴尬的境地。因此在美国，设计与制造的关系更接近于"为制造的设计"（Design for Manufacturing）。这包括为生产力、为工程、为质量和为消费者满意的设计等，所有这些都需要战略性的制造管理。

美国的设计管理教育从属于其教育体系。在商学院里，它尤其关注市场方面的内容；在工程学院里，它更强调工程科学；在工业设计学院中，它更侧重于产品本身。

除此之外，还有两个类型的设计管理学位课程，即艺术硕士（Master of

Arts，简称 MA）和工商管理硕士（Master of Business Administration，简称 MBA）。在美国，最为典型的设计管理教育特点就是其作为 MBA 课程的一个重要组成部分，展现出设计与产业的密切联系。1970 年代末期，设计正式纳入商学院的教学内容中，这是由于人们开始越来越清晰地意识到现在商学院里的学生将成为未来的商业领袖，他们必将在设计流程当中扮演重要的角色。这一意识的出现主要归功于：

1. 沃尔特·霍温（Walter Hoving）在 1977 年举行的一系列演讲；

2. 设计在哈佛等主要商学院里被纳入课程；

3. 设计管理成为艺术中心、芝加哥理工学院、俄亥俄大学及卡内基梅隆大学等设计学院的课程；

4. 设计管理协会的案例研究在麻省理工和波士顿大学的应用；

5. 哈佛商学院"发展与管理技术"专业开设了工业设计课程。

美国设计管理教育发展至今，也展现出一些主要特征：

1. 设计管理教育的多样化

在美国，设计管理教育根据其所属的教育体系可分为不同的类型。如前文所说，它在商学院里属于市场课程，在工程学院里强调工程科学，而在工业设计学院里则关注的是产品本身。同时，虽在 MA 和 MBA 学位里都有设计管理方向，但和英国相比，美国的大学里很少有正式的设计管理教育，它通常只是某一专业领域里的课程组成部分。然而，也有一些学校试图通过提供双学位来打破这一现状，如伊利诺伊理工学院就提供 MA 和 MBA 的双学位。

就设计管理教育的课程架构而言，美国的设计管理教育可以进一步划分为两条线路：第一条线路中，设计作为管理专业框架里的一个部分，以成功的商业经营为目标。这可以哈佛商学院、斯坦福大学、宾夕法尼亚大学和德克萨斯大学等的 MBA 专业为代表。另一条线路则认为成功的设计是一个动态的过程，没有一个固定的框架，也难以被决策所限制。持这种观点的学校包括麻省理工、卡内基美隆和哥伦比亚大学。

2. MBA 里的设计管理教育

通常，与设计相关的课程是整个商学专业教学的一部分。以加州大学伯克利分校的哈斯商学院（Berkeley's Haas School of Business）为例，他们开设了以设计为主的商业课程，强调的是设计的战略价值。里士满大学罗宾斯商学院（Richmond University，Robins School of Business）的两门课程则是就设计管理在 MBA 课程里的安排进行补充：组织创新与创意课是和当地的一个顾问公司合作开设，而设计管理原理则是介绍设计流程、品牌识别、设计和商业战略的基础课程。

3. 和产品发展相关的设计管理教育

美国的设计管理教育内容更侧重于产品发展。以麻省理工为例，制造企业的产品发展课程由工程学院和管理学院共同负责。课程还讨论了把设计管理融入产品发展中的两个不足之处：一是学科的短视行为，即设计的角色和贡献被定义为狭隘的外观审美，而没有进入到战略规划、品牌设计的层面；二是缺少明确的发展过程和方法，即如何把设计有效地融入产品研发的各个阶段，并通过和各职能部门的互动来大幅提高产品的成功率。

总结：融入产业的设计管理

在美国设计管理发展的路径当中，设计管理始终融入产业发展之中。在独立战争之后，美国商业保护主义首先作为基本的国家政策而确立，为其本国的制造商提供了有力的支持和坚实的保护。著名的美国体系在此基础上创立。1851 年的伦敦世界博览会也是美国工业发展的一个转折点，向世界展示了其工业革命的成果。随后的 20 世纪 20 年代，大规模制造开始主导市场。而由于大规模制造的非弹性化本质与消费者的需求和大规模市场的创造形成矛盾，设计因此受到重视，因为它是平衡标准化大规模制造和市场大规模消费需求的有效方法。基于"有计划的废止"这一政策的实施，通用汽车设立了年度产品计划，以及最早的造型部门。从此之后，设计在制造型企业里开始与销售和市场进行密切的合作。30 年代的大萧条时期，直接导致了工业设计在美国的进一步快速发展，并使得工业设计正式成为一个职业。

在美国，不论是商业实践还是学术研究领域，设计管理始终生存在商业的环境里并被视为管理实践的一部分。在美国教育领域，设计管理在大多数情况下是商学院 MBA 课程中的一个组成部分。因此，也可以说美国的设计管理在实质上是管理专业内容的一个部分，而非一个独立的学科。

第五章　中国的设计管理

工业设计的概念直到 1978 年我国实施改革开放之后，才被真正地介绍到国内。在此之后，尽管工业设计在各院校中开始作为一门独立的学科而存在，但其发展始终与实践脱节。为了解决设计教育和实践相脱节的问题，2000 年之后，"设计管理"的概念开始被学者们引入，然而这一概念也多局限在学术领域及高校中，并未和产业实践密切联系起来。

第一节　设计的发展

一、工业设计的发展

中国设计的发展与其所处的经济背景密切相关。关于中国设计的起源，存在两种不同的看法。一种观点认为中国设计起源于 20 世纪初期，即清朝末年。清朝政府不但承认了手工艺人的合法地位并鼓励发明创造，而且建立了现代学堂并教授工艺美术和设计。而另一种观点认为，设计是在 1949 年新中国成立后随着经济的发展而被逐渐介绍进来的，尤其是改革开放之后，设计在中国得到了一个快速发展的机会。

不管持哪种观点，中国近现代所遭受的持续的战争侵扰阻碍了设计在国内的发展是人们的普遍共识。另一方面，当设计的理念开始发展时，我国落后的生产技术并不足以支持设计方案的实施。

1898 年清政府颁布了《振兴工艺给奖章程》，这是我国历史上第一个用以鼓励技术和工艺发明，保护知识产权的法规。1906 年，为了满足现代新型生产制造商对于专业人才的需求，清政府的商务部开始设立各类专业学校，如艺徒学堂等。从学堂毕业的学生被派往海外学习，学成回国后回学堂内任教，或是到相关的实业机构工作。同时，国外的现代设计被介绍到国内，以吸引国内外的投资者到上海等租借地投资。当时的设计成果极其有限，主要集中在平面广告部分。

中国和西方国家的现代设计发展历程是完全不同的。首先，直到 20 世纪 50 年以前，中国没有真正意义上的现代产业。而在当时，西方国家却有至少 200 年以上的产业发展历史。其次，西方国家在两次世界大战之间得到了充足的喘息机会，而中国从清朝末年到新中国成立之间将近一百年的时间里连续遭受战争之苦。也正是因为如此，才有观点认为中国真正的现代设计运动是在 1978 年改革开放政策实施之后才正式开始的。

20 世纪 50 年代初，毛主席确立了国家发展初期的战略目标：通过对手工艺产业的累积，创造一切条件实现工业化。在这个目标的指导下，当时的工艺和艺术被限定为以手工业为基础。这一政策也反映在国家相关政府部门的设立上，如 1954 年成立的手工艺管理中心，1958 年成立的轻工业部，以及 1959 年成立的手工业产业管理部门等。

这些也导致了有关中国现代设计开始时间的争论。从表面上看，邓小平提出的四个现代化作为改革的基本内容，包括了农业、工业、科学和国防现代化，似乎与中国设计的发展没有太多关联。但事实上，设计作为一种广义上的经济活动，必须站在我国经济和政治改革的前沿。

然而，在所有的设计形式中，工业设计和产品设计是最易被忽视的部分。造成这一现象的原因在于我国的消费品制造业仍处于初级发展阶段。这一产业直到改革开放之后才真正出现，逐步从供不应求转变为供过于求。随着人们收入水平的提高和基本消费需求得到满足，一些设计落后的产品无法再在市场上销售。在这一状况下，工业设计才逐渐引起人们的重视。

近年来，工业设计在我国发展到一个新的阶段，很大程度上是因为中央政府对设计出台了一系列鼓励措施。2007 年 2 月 12 日，中国工业设计协会（China Industrial Design Association，简称 CIDA）向中央政府提交了一份关于发展中国工业设计的报告。一天后，时任国务院总理的温家宝便就该报告做了批示："高度重视工业设计。" 2008 年 3 月 13 日，在《国务院办公厅关于加快发展服务业若干政策措施的实施意见（国办发〔2008〕11 号）》文件中，工业设计首次被正式纳入现代服务业的范畴。同年，温家宝总理在视察无锡工业设计园时，再次强调了发展工业设计的重要性。2009 年，时任国家主席的胡锦涛号召国有企业应该聘用更多的人才以加强研发与创新实力，促进 "中国制造" 向 "中国创造" 转变，这意味着设计已经开始被纳入到我国的国家发展战略的考量之中。同年 4 月，温家宝总理对广州毅昌进行考察，高度赞扬了设计在中国企业发挥创新能力方面的作用。在 2010 年两会的政府工作报告中，工业设计被正式定义为 7 个服务业种类之一，并要求加快发展步伐。2010 年 3 月 16 日，工业和信息化部门公开征集对《关于促进工业设计发展的指导意见》的建议和看法。所有这些举动和政策都大大推进了工业设计在我国的发展，把中国设计带入到了一个新的阶段。

二、设计理论的引进

中国设计师对于西方的现代设计往往理解得不是很充分，甚至有些片面。在早期阶段，中国的产品多仿冒国外的设计，或是仅仅为了满足日常需要而生产，产品的外形往往呈现出机械化或工程化的落后面貌。随着新产品数量和种类的增加，企业开始参与到越来越激烈的世界市场竞争中，对设计的需求也变得急迫起来。由于中国的现代化企业大多都创立在改革开放初期，即 20 世纪 80 年代初，工业制造基础薄弱，设计水平较低，因此这些企业多是从复制或仿冒开始生产其新产品。

在改革开放的第一个 10 年里，中国的设计教育逐步从旧有模式转化到新兴模式。为了学习工业设计，北京、上海、无锡等地的高校教师被派往德国、日本等国家学习先进的设计理念和设计教育体系。这些老师学成回国后，带回了各个国家的工业设计理论与教育体系，并与国内的学者分享他们的学习经历。通过他们对于这些设计知识、体系和经验的热情分享与介绍，工业设计在中国得到了更为广泛的传播和发展，而设计教育也建立了新的发展基础。不久之后，工业设计专业在中国的艺术院校、理工科院校都得到了广泛的发展，越来越多的高校设立了相关的专业方向。

然而，工业设计在20世纪80年代的发展显示出理想化和理论化的特点，这是由于这些设计概念都来自于国外，尤其是欧美国家，难以被处于发展初级阶段的中国企业认识和接受。因此，虽然当时的学者和教育者努力向产业界介绍设计理念，但由于他们的观点和理念过于先进而难以落实。

第二节　设计公司的发展历程

中国最早的设计公司出现在20世纪80年代的珠江三角洲。最初，一些专业设计师被大型企业聘用，作为驻厂设计师在设计部门工作。随着工作经验的逐步累积，这些早期的设计师开始形成高效的设计团队，以满足日益增长的对于专业设计服务的需求。这直接导致了珠三角地区工业设计公司的出现，尤其是在家用电器的设计服务领域。而珠三角设计公司的发展，也逐步影响和带动了设计公司在长三角地区的出现和活跃。与珠三角地区毗邻香港、以广交会为依托的发展资源不同，长三角以上海为代表，充分利用其国际化影响力的优势，开始发展出自己的设计服务品牌，累积国内外的客户资源。与此同时，另一种类型的设计公司开始在北京出现。由于有着众多的跨国公司总部，北京成为高科技研发的中心，这也最终导致了工业设计在这里的快速发展。设计工作室作为一种特殊的设计公司形态出现在北京。这种设计工作室受韩国设计服务的影响，专注于推进原创设计与制造的发展。

尽管中国的设计公司已经得到了快速的发展，但仍然存在很多问题。首先，它们大部分都是规模非常小的公司，多数不超过 10 名员工。有限的人数也导致了有限的知识面，他们往往只能在一个完整的设计项目里面从事某一阶段的工作，多数是设计概念提案，大多和企业的设计部门合作。而他们的客户也多数是刚刚起步的规模较小的公司，这类企业的研发能力较弱，且对设计服务的投入十分有限。最终，各种现实问题导致这些小型设计公司只能关注设计的数量而非质量，阻碍了其长远的发展。

与此同时，在上海、北京、广州、深圳等地开始出现了一批较大规模的设计公司，人员大约在 20—50 人左右。和小型的设计公司不同，这些设计公司往往具备多样、全面的专业知识，因此有能力负责和完成整个设计流程。它们能提供较高品质的设计服务，常和中大型企业合作。但是，由于企业的新产品开发周期大多过长，且经营战略的改变也会导致设计战略的变化，从而阻碍了设计公司和企业之间建立长期合作的关系。

发展至今，各种类型的设计公司在中国都得到了长足发展，主要可分为6 种类型：由企业内部的设计部门发展而来的设计公司、以设计师为主要人员的工作室、合作的设计公司（如有国内外项目或与大型企业合作资源的公司）、独立的设计公司、政府资助的设计公司、高校的设计工作室。日本设计基金会（Japan Design Foundation，简称 JDF）曾经专门研究并总结了中国设计公司和设计环境的一些特性，主要如下：（1）开放的学习态度；（2）大量的设计专业毕业生；（3）优秀的计算机操作能力；（4）传统的师徒关系。

第三节　企业内部的设计发展

从 20 世纪 50 年代起，中国的制造型企业开始建立自己的设计部门。但是由于当时的设计工作主要针对产品的装饰或是工程设计，因此这些设计部门并不能算是真正从事设计工作的组织。在大多数情况下，工程师负责从机械工程到造型的所有工作。有时，一些艺术家也会应邀为产品做些美化装饰工作，他们被称为"美工"或"艺术工人"，而非现代意义上的设计师。

现代企业内部的设计部门正式出现在 20 世纪 90 年代，尤其以汽车企业为代表。为了发展高品质的设计，一些企业建立了自己的设计部门或是工业设计中心，以吸引设计人才和专家。其中一些公司甚至开始和国外的设计顾问公司合作，引进了先进的设计理念和工作方法。但由于对中国市场不够了解，很多优秀的国外设计通常要经中国本土设计师修改之后才得以施行。

受不断发展的中国市场的吸引，越来越多的海外企业开始把业务拓展到中国，研究中国消费者的需求和市场状况，研发出根据中国市场量体裁衣的新产品。比较有代表性的是摩托罗拉 1987 年在北京设立的办事处，通用汽车于 1997 年在上海设立的设计团队，LG 电子于 1998 年在北京创办的设计商店，以及 1999 年三星在上海开设的研究所等。

随着这些国际品牌进入中国市场，他们也为中国本土企业带来了极大的发展压力。尤其是看到设计在这些国际品牌的竞争优势中所扮演的重要角色之后，一些中国企业开始转变他们对于设计的态度，用各种途径努力增强设计能力，如和国外设计顾问公司合作、建立海外设计办事处等。

由于经营模式、设计意识和发展阶段的差异，企业内部设计部门的存在形式也是多样化的。而就设立了独立设计部门的企业而言，其发展状况根据经营模式的差别还可以进一步划分为三类：

1. 专注于 ODM 的企业。这些企业聘请的设计师主要专注设计概念的提案。由于来源于 OEM 的企业，为了摆脱基于价格竞争的抢订单状况，设计师意识到通过主动地为客户提供符合其特点的设计方案，是积极争取订单的一种有效途径。

2. 专注于某一专业领域的企业。这类企业多专注于某一种特殊的产品或是产业门类，且因掌握核心技术而在业界处于领先地位。在这类企业中，工业设计主要被用来提升产品质量和品牌形象，以保持企业的领先地位和产品差异化。

3. 主要从事消费产品的企业。由于消费类产品的核心技术同质化现象比较明显，技术门槛较低，因此工业设计成为它们建立竞争优势和差异化的主要手段。

随着中央政府强调从中国制造向中国设计、中国创造转变，中国的企业开始向更高的市场层面迈进，也开始通过拥有好设计的产品来拓展自己的市场份额，这一情况就像 20 世纪 70 年代的日本，以及 90 年代的韩国。为了达到这一目标，中国急需深入地了解企业的设计发展现状，发现它们的设计管理问题，找寻成功经验。也正是基于这样的考虑，设计管理的重要性开始被人们所认识。因为它是一个拓展设计思维至管理、经营、市场、产业等不同层面的系统知识结构，通过学习设计管理，有机会理清企业与设计的整体发展框架，从而更加清晰地定义设计的职能、角色，以及发展期望与方向。

第四节 设计管理的出现

现代设计管理是在 21 世纪初被介绍到中国的，主要通过当时在北京、上海、杭州举办的一系列设计管理研讨会得以传播。从 2003 年开始，以设计管理为标题的书籍越来越多地出现在书店里。然而，中国已出版的近百本相关书籍中，除了直接翻译自国外的原著作品以外，其余的内容都相类似，作者也都是来自高校的设计专业老师。这些书籍的内容往往来源于国外的设计管理基本概念和体系，并且加入了作者自己的理解，忽略了与中国国情和设计实践的紧密结合。

在中国，设计管理的定义和内容主要来源于欧美国家。由于在欧美的学术领域里，设计管理一直没有一个确定的定义，因此它在中国也显得面目模糊。中国的学者通过吸收消化国外的理论，尝试着为设计管理下一个自己的定义。

表5.1　中国的设计管理（定义与内容）

作者	设计管理的定义与内容
北京市科学技术委员会与北京工业设计中心（2000）	设计管理是一个过程，它包括了运用设计方法、执行设计导向的创意和行为、把战略和技术转化到产品和服务中、项目中系列产品的发展管理、交互和设计系统。因此，设计活动是企业运营的一个重要部分。
许平（2002）	设计×管理＝增加设计价值和利润最大化
刘国余（2003）	组织管理和创新管理，包括设计战略（经营战略和设计战略、企业形象管理）、设计项目管理（流程、团队、计划、评审）、外部设计（执行：合约、报价、外包）、设计沟通等。
刘和山、李普红、周意华（2006）	对设计战略、设计项目、人力资源、设计法律和法规的管理。
王效杰、金海（2008）	包括设计管理战略、设计项目管理、设计管理执行（设计项目、流程、评审、知识产权）等。

　　对比西方的设计管理内容，国内的学者对于设计管理的内容作了修改和调整，创新管理被加入到设计管理之中，且被视作一个独立的内容和层面。表5.1展现了这一内容框架。和西方公认的三个层次的设计管理内容相比，中国的设计管理内容主要指两个层面：执行和战略。其中，执行层面包含了企业内外部的设计项目管理和设计组织管理，而战略层面则指的是设计战略管理，包含企业设计管理和创新管理，如企业形象、设计战略、色彩规划和产品形象等。其具体内容按照行政层级划分，从顶层的高层管理者负责的具体的设计战略管理，再到中间层设计总监负责的设计战略管理，到底层由设计经理负责的设计组织的行政管理，以及由项目负责人所展开的设计管理项目的具体执行。

第五节　设计发展的主要问题

　　发展到21世纪，工业设计面对的是一个不断变化的环境，其面临着经济全球化、信息网络化以及可持续发展等问题。同时，随着工业设计的发展

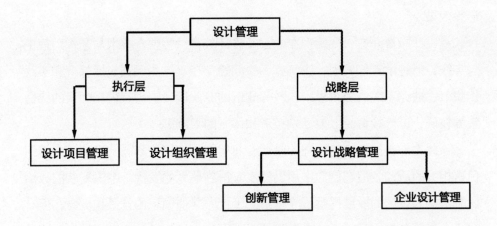

图 5.1　设计管理的内容结构

来源：北京市科学技术委员会与北京工业设计中心，《北京工业设计报告》，北京
工业设计中心，2000 年，第 5 页。

不断取得引人注目的成绩，人们对工业设计的认识也进一步加深。

　　通过长期研究，人们发现中国工业设计目前存在的问题主要有对工业设
计价值的认识不够充分、缺少政府的支持、设计实践能力较弱、设计教育和
实践脱节、缺乏工业设计管理经验等。北京工业设计中心的研究进一步揭示
了中国工业设计较为落后的三个原因：（1）制造商中从事 OEM 经营方式的
企业越来越多，从而导致对于设计力的忽视；（2）缺乏对工业设计的投资
以及来自政府的支持政策；（3）工业设计的产业化程度低。其他的研究也
得出了相似的结论，并认为中国发展设计的主要障碍包括设计教育基础薄
弱、缺少专业的设计教育老师、企业对自主设计的认识不够充分、政府和专
业组织对设计缺乏推进举措等。

　　就企业内部设计而言，尽管一些领先的中国企业开始重视工业设计的发
展，并且也取得了一定的成绩，但是很大一批企业仍然缺乏创新的设计意识
或是对设计的系统认识。在这些企业里，即使有设计部门，并且也能够进行
自主设计，但是他们大多关注的是包装和产品造型，而缺乏长远的发展目
标。就管理而言，许多企业仍然缺乏相应的执行规范，影响着其设计执行的

最终效果。

就设计教育而言，尽管现在的工业设计教育试图整合技术与艺术、理论与实践，但是学者们发现，仍然有不少问题存在。这些问题包括教育和实践相脱节、缺乏系统的教育思维、教师队伍的专业设计能力有限、师生的综合素养较低、设计教育受以前计划经济和体制的限制等。

除此之外，虽然针对不同的设计专业类别，中国有不同的设计协会组织负责相关的活动，但它们的作用仍然没有得到最大的发挥。中国复杂的政治体制结构为设计的发展提供了完全不同于世界其他国家的背景和机会，但有时也会限制各地之间的设计合作与发展。同时，这些设计协会往往是一些松散的组织，对国家设计政策的制定缺乏影响力。

总体而言，中国设计管理的整体发展具备三个主要特征：（1）发展的主体内容包括设计教育、企业经营与设计实践；（2）国外的实践和理论在中国本土的设计发展中扮演重要角色；（3）设计管理的教育问题是基础。

在中国，工业设计首先由学术界介绍到国内，20世纪80年代留学归来的众多教师将工业设计的现代概念引入到教育体系中。随后，他们通过设计工作室或是设计公司将其设计理念推广到产业实践中。在学术界的努力下，很大一批设计推进组织也相继建立。

而那些进入到中国市场的国外企业，尤其是国外的设计公司，也成为推动中国制造企业运用设计的重要力量。中国设计师的专业素质也受此影响而得到相应提高。面对国内外市场的激烈竞争，中国的企业通过他们的国外竞争者认识到设计的重要性。然而，尽管很多领先的企业已经开始强调设计，但是设计和管理在企业的内部系统中仍没有得到有效的结合。大部分企业仍然依靠传统的方式发展新产品，即以市场和技术为主导。在这一情况下，设计管理在企业的实践中仍需进一步努力发展。

另一方面，随着中国经济快速发展，中央政府也表现出了对于工业设计的关注和发展的决心。从2007年起，一系列相关政策得以施行，直接推进了设计产业在过去几年的快速发展。然而，要快速发展工业设计，并

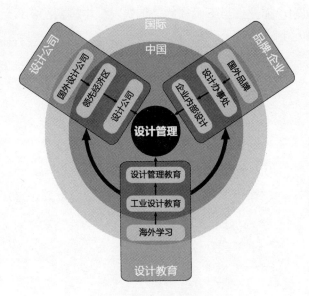

图 5.2 中国设计管理路径

用它提升企业的竞争力，重要的不仅是设计能力，还有对设计的整体应用和管理能力。只有实施有效的设计管理，设计才能够为企业创造其发展所需的价值。

总结：亟须发展的设计管理

在中国，工业设计由学者们介绍到国内，并长期限制在学术界。由于中国的设计教育体系是直接从西方借鉴而来的，与中国的实践有所分离，因此设计教育始终和企业的实际需求之间存在一条鸿沟。为了解决这一问题，设计管理教育在 2000 年后被引入到我国现有的设计教育体系之中。然而，和设计教育一样，设计管理的概念虽由学界引入但长期局限于此，并未能够和中国的产业实践紧密结合。另一方面，随着经济的快速发展，中国的制造企业进步显著，已逐渐建立自己的品牌和设计部门来面对激烈的竞争，拓展海外市场。在这一情况下，缺乏设计管理的经验和相关知识成为阻碍企业自身发展的主要问题。因此，当下亟须的是加快发展中国自己的设计管理知识体系，以本土国情和产业特点为基础，有效地解决企业发展过程中设计体系的建构和管理问题，以帮助中国企业建立竞争优势并保持可持续发展。

第六章 设计管理的知识体系

设计管理从20世纪50年代发展至今，已经有近60年的历史，由于其和经济、产业的关系密切，其内容和外延也在不断变化，其核心的知识结构已发展出自己的脉络，构成了一幅完整的设计管理知识结构图。尽管在不同的时期各关键要素及其关系会有所变化，但整个网络相对固定，可以作为我们认知和理解设计管理的一个重要框架。

图1.1是笔者通过分析和总结自1965年迈克尔·法尔的第一本设计管理著作至今的各个时代的相关著作后绘制而成。根据此知识图，我们可以把设计管理的范畴划分为三个层次，即设计战略层、设计组织层（或是职能层）、设计执行层。本章及之后的三章将重点介绍这三个层次的主要内容及其相互联系。

第一节 设计战略管理

设计战略管理关注的主要内容是设计与战略的关系，以此为核心，其内容可以进一步延伸到以下三个层面：（1）设计本身作为一个学科与其他学科、概念之间的差别和联系；（2）设计战略在国家层面的含义；（3）设计战略在企业和产业层面的含义。

一、设计与其他专业、概念的关系

（一）设计与科学

在对设计理论的认知过程中，有过几次对设计与科学的关系的大讨论，其中提出了两个最为重要的概念：一是"设计的科学"（即 Science of Design）；另一个是"作为科学的设计"（Design as Science）。前者是科学概念中的一种；而后者则关注的是在信息技术的帮助下，设计研究本身的科学化发展方向。

1. 设计的科学

赫伯特·西蒙（Herbert Simon）① 在 1969 年撰写的《人工的科学》（*The Sciences of the Artificial*）一书中明确提出这一概念。这本书在之前已经发展起来的系统论的基础上形成了与其他许多学科（如建筑、工程、城市规划、医药、计算机科学和管理）相关的设计方法论。在书中，西蒙指出设计的理论概念可以表述为把设计这一科学变成一门有关设计思维或行为的科学（Science of Design）。在这一概念下，设计不仅仅指设计这一专业活动，也指它是其他领域活动或是研究内容的一部分，即设计的过程或对思维方式的应用。例如徐南杓（Suh Nam-pyo）阐述的"设计公理论"（Axiomatic Theory of Design）就是一种独立的解释和描述设计流程的理论②，而约翰·杰罗（John Gero）提出的"功能–行为–结构本体论"（Function-Behavior-Structure Ontology，简称 FBS）则是用来阐述设计和设计过程的独立本体

---

① 赫伯特·西蒙是人工智能符号主义（认知学派）的代表人物，也是认知心理学的先驱。西蒙不仅仅是一个通才，而且是一个富有创新精神的思想者。他是现代一些重要学术领域（如人工智能、信息处理、决策制定、注意力经济、组织行为学、复杂系统等）的创建人之一。他创造了术语"有限理性"（Bounded Rationality）和"满意度"（Satisficing），也是第一个分析复杂性架构（Architecture of Complexity）的人。西蒙的天才和影响力使他获得了很多荣誉，如 1975 年的图灵奖、1978 年的诺贝尔经济学奖、1986 年的美国国家科学奖章和 1993 年的美国心理学会终身成就奖等。

② Suh, N. P., *The Axiomatic Theory of Design*, Oxford University Press, 1990, pp. 35 – 50.

论①，这些都是以设计为工具或理论基础形成的认识和改造世界的方法。在这里设计是作为一种科学的工具或是方法而存在的。基于设计科学这一基本概念，同时还发展出了对于设计与科学关系的另一种认识，即来自于科学中的设计活动与概念。以奈吉尔·克劳斯（Nigel Cross）为代表，他进一步对科学的设计、设计科学、设计的科学三个概念进行了细化与差别定义②。对于设计的科学研究并不要求设计活动或设计规划本身是一个科学的过程，为了和其他人类活动中的设计活动进行区分，克劳斯运用了"设计师式的"（designerly）一词单独描述作为一种科学的设计中的创新活动。

2. 作为科学的设计

对于以设计为主导的专业而言，越来越大的压力迫使他们需要基于大数据系统的证据和现象做决策。这使得有关信息系统的设计科学研究概念得以发展，即如何有效地通过信息技术处理信息，以便把行为研究和设计研究进一步相结合。

(二) 设计与商业

在对于设计与商业的关系探讨中，近年来最为重要的是以罗杰·马丁（Roger Martin）③ 为代表的有关商业设计的阐述，他说明了设计思维方式对于企业竞争优势的重要性。通过设计思维，企业组织可以在直觉性的原创和系统分析的结果之间达到一种动态的平衡，而这一路径是企业保持长期竞争优势的必要手段。马丁本身作为管理学院的院长，有着多年的企业管理和研究经验，曾帮助许多知名企业在不同领域寻求发展方式，而设计思维正是他累积出来的实战经验，也是为许多企业的实践所证明的有效方法。

(三) 设计与财务

对于设计和财务的关系探讨主要集中在企业层面展开，其内容包括设计

---

① Gero, J. S. , "Design Prototypes: A Knowledge Representation Schema for Design", *AI Magazine*, 1990, 11(4), pp. 34 – 35.

② 其著作已出版中文版：《设计师式认知》，华中科技大学出版社，2013 年。

③ Martin, R. , *The Design of Business: Why Design Thinking Is the Next Competitive Advantage*, Harvard Business Press, 2009, pp. 15 – 25.

的整体投入、项目中的设计投入、设计组织的投入等。

设计的整体投入通常以企业的财政年度为计算基础，可以参考的指标是在该财政年度里企业对于设计的投入比重，通常是指从企业该年度产品研发的投入里再细化出的设计投入比例。

项目中的设计投入指的是在一个处于发展中的产品项目中，设计的投入占项目总投入的比重，一般可用此来直接衡量设计在企业实际创新活动中所处的地位。如果在一个产品的发展流程中，设计只是在后段的样品阶段做简单的造型和模型验证工作，那投入比重就会相对较少；如果是在研发的前期就参与市场及用户研究，甚至是产品或服务方向的确定，那在这类项目中的设计投入比重将会很高。

设计组织的投入指的是企业在团队建设规模、人员梯队建构、设计师培养和交流等方面的投入，这类投入的金额通常也以年度为计算单位。

其他和财务相关的设计议题还有设计成本评估、设计效益评估等，这些往往属于综合评估，即综和了设计资源、设计人力、设计项目活动等各项投入，以项目、产品、年度为单位进行计算。而由于设计活动本身在企业中与其他部门密切联系，且不论最终产出的是产品还是服务，设计的成果都很难单独剥离出来的，因此这一部分的设计成本效益评估往往很难得到具体的量化结果。

（四）设计与知识

设计知识可以指个人的设计知识，也可以指企业的设计知识。就知识的层次而言，主要分为设计技巧、设计规则、解决问题的经验等三个层面。设计的技巧指的是通过学习得到的专业技能，这些技能可以被记录为显性知识，通过阅读或教授而学习。这包括在理论层面有关设计的一些基本概念、实际操作技能，如草图表现、计算机建模等。这些技能属于设计的专业技术，是点状的、分散的。学习者通过学习掌握后并不代表能够完整地完成一个设计任务。要完成一个完整的设计项目或是设计任务，还需要累积和恰当运用设计规则。设计规则用于解释一个项目的流程，其基本概念和内容可以通过书本记载的显性知识得到，但如果要真正理解并且熟练运用，就必须在实践中不断尝试和摸索，最终以个人或组织经验的方式累积下来。就个人而言，设计规则关乎执行完整项目的能力；就企业而言，关乎有效地组织一个设计项目的能力，其中不少有经验的企业会把这些累积的经验规则以文字加以记录，形成企业管理的规范化文件，以方便管理和培养团队。而知识累积的最上层即是解决问题的经验，在这个阶段不论个人还是企业，都可以通过掌握技能和规则，运用已有的知识和经验灵活地处理各类设计问题，甚至是创造新的规则和专业技能。这样三个层次的知识就形成了设计知识的塑造过程，也是显性知识和隐性知识循环累积的过程。

（五）设计与创新

根据创新程度的不同，创新的类别可以进行多样化的划分。按照约翰·郝斯科特的阐述，不同程度的创新可以和不同导向的设计结合，从而对企业或产品进行清晰的划分。以创新程度和设计导向为两个主要参考指标，企业的设计创新战略可以用下表的矩阵来表示。

表6.1　设计创新战略矩阵表

	根本性创新	激进性创新	渐进性创新	无创新
技术导向	√			
用户导向		√		
形象导向			√	
市场导向				√

通过运用此表可以有效地分析、制订产品的创新与设计策略。在此表中，设计可在技术、用户、形象和市场方面做出贡献；而创新的程度可以分为无创新或是模仿、渐进性创新（即小幅创新）、激进性创新（即大幅创新）、根本性创新（即颠覆式创新）。以戴森（Dyson）吸尘器为例，通过这张表可以清楚地看到，其多圆锥气旋技术使其产品在技术方面实现了根本性创新；通过全新的用户体验和产品功能，在用户方面实现了激进性创新；产品在形象上有自己非常强的识别特征，这是依据其工程技术的设计特点而形成的，因此在形象方面虽然也有明显创新，但仍然是在现有的品牌和产品视

图 6.1　戴森吸尘器的创新设计定位图

觉形象范围内的创新，只能属于渐进性创新；而从用户角度来看，其市场面并无明显变化，面对的仍旧是已有的消费市场。

（六）设计与服务

工业革命是"工业设计"这一概念出现的大背景，在其后的很长一段时间里，设计的主题始终以产品为中心。随着工业经济向体验经济过渡，发展到如今的知识经济时代，设计的载体和主题发生了变化，逐渐从以产品为中心转移到以服务为主题，并开始与产品设计整合形成新的体系。服务设计主要侧重于将设计学的理论和方法系统性地运用到服务的创造、定义和规划中。

服务设计是指有效地计划和组织服务，其中可能涉及人、基础设施、通信交流以及物料等相关因素，旨在提升用户体验和服务质量。服务设计以为客户设计策划一系列易用、满意、信赖、有效的服务为目的，既可以是有形的，也可以是无形的。客户体验的过程可能在医院、零售商店或是街道上，所有涉及的人和物都为落实一项成功的服务而共同发挥作用。服务设计将人与人、环境、行为、物料等相融合，并将"以人为本"的理念贯穿始终。

二、国家层面的设计战略

设计作为各级战略的重要组成要素，可以在不同层面上促进国家竞争力的提升，包括产业竞争力、经济竞争力，乃至国家综合竞争力。而国家综合竞争力也是在国际化背景下和其他国家能够形成差异的竞争力优势。事实上，这是一种逐层支撑的关系。在全球化的市场中，国家综合竞争力以其支柱产业的竞争力为核心。在这里，设计和支柱产业的关系直接反映了设计战略在国家层面上的含义。

　　以英国为例，虽然它是工业革命的摇篮，但是在 20 世纪上半叶由于设计与制造产业相脱节，产品不能够满足国内外市场消费者的需求，逐渐丧失市场份额。虽然英国政府通过一系列的研究和设计政策尝试弥补，但始终没有实质性的成效，最终导致了其制造业的衰败。以汽车产业为例，英国原先拥有的大量全球知名的高品质汽车品牌，如今几乎全部卖给了国外公司，如劳斯莱斯、宾利、迷你、路虎、MG、莲花、捷豹、玛莎拉蒂、阿斯顿马丁等。在此之后，服务业成为英国重点发展的产业，其中包括教育、金融、设计等顾问咨询服务。为了促进服务业的发展，英国标准协会更是发布了 BS 7000-1-2008 设计管理系统。在 20 世纪 90 年代，创意产业的概念也由英国率先提出。

　　和英国不同，德国在二战前就已经明确制订了自己的国家战略，即通过高标准的制造建立德国的国家识别特征，这其中也包含了设计的识别特征。德国通过建立制造标准，用高质量的产品占领海外市场。根据不同的产品质量层次，德国政府甚至设置了细化的分类标准，如最高品质的产品出口到发达的资本主义国家，中等品质的产品出口到其他国家，而最低品质的产品只在国内销售。这一政策使得德国的产品很快在全球以高品质著称，占领了大量的海外市场。发展至今，制造业仍旧是德国的支柱型产业，在所有的发达资本主义国家中，德国的制造业产品出口收入占国家年 GDP 的比例是最高的，达到 50% 以上。

　　再以韩国为例，其国家形象能有今天这样的改变，与政府有计划地推广其设计制造的产品有着直接的关系，韩剧与其他媒体也扮演了重要的角色。政府支持的庞大创作群体集聚了韩国社会的人文精英力量，开启了创意空间与崭新的优质价值观。比如《冬季恋歌》唤回了人们情感生活中失去的意义与希望，强调"从一而终、相互尊重"的感情价值观；《大长今》重在寻回古代社会中珍贵的人性宝藏与平凡的魅力。多年来，对质量的坚持与不断改进是韩国产品参与国际竞争的基本法则，加上政府全力培植大企业集团，大企业集团积极建构自有品牌、发展设计，从而造就了韩国产品的高品质和优质形象。若从产品分析的角度来看，我们可以发现韩国的产品其实在设计原创性方面并没有绝对的突出优势，像三星与 LG 的手机、相机，一些机型有着别家厂牌的影子。但高效的执行力与组织力，使企业找到了强化创新的方向——工艺与材质的考究、技术的精进与应用。以三星为例，它对设计的重视表现在设计师可直接向高阶主管报告新构想，并且由设计师主导工程的发展方向……这种种的努力、重视与执着，改变了世界对韩国产品的印象，逐步从"山寨"水准发展成为全球的领导品牌。

三、企业和产业层面的设计战略

企业和产业层面的设计战略主要指的是企业的经营模式从 OEM、ODM 向 OBM 转变，这在中国也直接对应了产业转型和升级的要求，即从低端的劳动密集型和高能源消耗的制造业转向创建自主品牌的经营道路。而这一转变的主要衡量指标是企业对于设计的投入程度，包括对于内部设计的年度投入总额、单一产品研发项目中的设计投入比例、设计在年度开发产品总量中所占的项目比重等。这部分内容在第七章将有详细的介绍。

推动这一转变的主要动力是设计知识的累积，对于一个企业而言，其所掌握的设计知识水平直接对应于企业设计意识、设计能力、设计质量、设计管控的水平。而设计知识既包含从书本上学习到的显性知识，也包含通过个人和团队实际经验累积形成的隐性知识。

1958 年，英国物理化学家和哲学家迈克尔·波拉尼（Michael Polanyi）在其代表作《个体知识》（*Personal Knowledge*）中将知识划分为两类：显性知识（Explicit Knowledge）和隐性知识（Tactic Knowledge，又译为默会认识或默会知识）。显性知识是指那些能够以正式的语言明确表达的知识，表达方式可以是书面陈述、数字表达、表格列举、文件报告等，因此能够在不同的场合方便地交流。隐性知识是指建立在个人经验基础之上、涉及各种无形因素的知识，一般包括两个方面：一是技术方面的隐性知识，包括那些非正式的、难以表达的技能和诀窍等；二是认识方面的隐性知识，包括心智模式、信念和价值观等。

目前，世界经济合作与发展组织对知识的分类是最权威的。1997 年，它在出版的《以知识为基础的经济》一书中，将知识分为四大类：知道是什么的事实知识（Know-What）、知道为什么的原理知识（Know-Why）、知道怎么做的技能知识（Know-How）、知道谁有知识的人力知识（Know-Who）。前两类知识被归纳为显性知识，后两类知识被定义为隐性知识。

1995 年，日本学者野中郁次郎（Ikujiro Nonaka）与竹内广隆（Hirotaka Takeuchi）在波拉尼知识分类的基础上，在《创造知识的公司》（The Knowledge Creating Company）一书中从知识管理的角度定义了隐性知识和显性知识。在他看来，隐性知识是未经正式化（Formalize）的知识，包括个体的思维模式、主观信仰的观点，是属于个人经验和直觉的知识，难以用语言来沟通和表达，如经验、技术、文化和习惯等。隐性知识也是知识创新中最为基础的东西，具有很强的抽象性和主观性。在此基础上，野中郁次郎进一步描述了显性知识和隐性知识相互转换的过程，即 SECI 模型（图 6.2）。他提出企业内新知识的创造过程是显性知识和隐性知识之间转换的四个螺旋式上升过程，这四个过程是：群化（Socialization）、外化（Externalization）、融合（Combination）、内化（Internalization）。从隐性知识到隐性知识的群化过程是在个人间分享隐性知识，即知识社会化的过程。隐性知识的传递主要通过观察、模仿和亲身实践等形式，师传徒受就是个人间分享隐性知识的典型形式。从隐性知识到显性知识的外化过程是通过对隐性知识的显性描述，将其转化为别人容易理解的形式。通常，其转化所利用的方式主要有类比、隐喻、假设、倾听和深度访谈等。从显性知识到显性知识的融合是一种知识扩散的过程，通常是将零碎的显性知识进一步系统化和复杂化。当这些零碎的知识被整合并用专业语言表述出来时，个人知识就上升成了组织知识，能为更多人共享并创造组织价值。从显性知识到隐性知识的内化过程意味着企业的显性知识转化为企业中各成员的隐性知识，即知识在企业员工之间传播。员工接受了这些新知识后，可以将其运用到工作中，并创造出新的隐性知

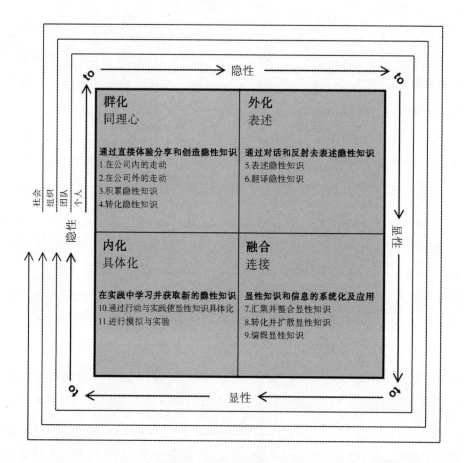

图 6.2　SECI 知识转化模型

识。团体工作、从干中学和在工作中培训等都是实现显性知识隐性化的有效方法。

　　这四个过程不是孤立的，而是紧密联系的。整个转换过程也不是单一的，而是周而复始、不断循环的。在这些过程中，企业员工不断积累知识，在此基础上，新知识也不断被创造出来，从而实现知识在总体上不断上升的趋势，即知识从个体、到团队、到组织、到社会的上升。因此，SECI 模型实际上展示的是一个通过隐性知识和显性知识的转化来实现知识的创造与积累的螺旋式上升过程。

第二节　从组织层看设计管理

　　设计的组织管理是联系设计战略管理层和执行层的关键纽带，通过它可以有效地传达、组织和实施由设计战略制定出的计划，并完成相应的人员准备与组织工作。

　　就设计组织的议题而言，主要包括两个层面的内容：一是广义的大组织概念，即设计联盟，指企业要完成的设计工作所涉及的一切资源的整合，以及因此而形成的设计合作关系的总和；二是狭义的设计组织概念，即完成某一具体设计任务所需要的设计团队。下面分别就这两个层面做一个基本概述。

一、设计联盟

　　设计联盟是指企业可以取得的各类设计资源的总和，通过企业的组织形成紧密或松散的联系。以设计的流程而言，可以指企业的主体设计活动和设计供应链的关系。例如，企业自己的设计团队主导设计时，也需要外部人员做设计研究、市场研究、用户研究，用作前期的设计支持，而这里面可能包含的机构有顾问公司、调研公司、合作的院校等。在设计的中期，即设计方案细化时，还会加入各类材料供应商的设计研发力量，例如 CMF（Color, Material and Finishing，颜色、材料及加工）等。到了产品设计完成至上市时，又会牵涉到品牌设计、店面设计、包装设计等各类设计服务。而这些在不同的流程阶段提供不同的专业支持的机构或单位并不需要都由企业自己去做投资，完全可以通过设计联盟的形式建立一个长期稳定的研发大团队，甚至可以使多个机构同时分享资源。这样的资源整合也是对整个设计供应链所需资源的直观反映。

　　对于一个企业而言，发展设计联盟的原因是多种多样的，主要包括：为了更接近设计专家的人力资源；管理企业在设计中所遇到的不确定性；把设计作为一个持续的竞争优势来发展；能够和熟悉的设计资源合作，节省企业内部资源；取得一个更好的视觉形象，增强企业在业界的声誉和知名度。

而在设计联盟中，设计外包是一种最为常见的合作关系模式。它主要牵涉的问题是企业如何架构自己的设计组织以发展相应的设计力。是选择建立自己的设计部门，还是全部设计工作外包，抑或两者兼而有之？这一部分在第八章第三节将有详细的说明。

在设计组织的管理层面，还有另外两个关键内容，即设计团队和好设计的概念，将会分别在第八章的第四节和第五节对其加以论述。其中需要说明的是，设计团队的概念是基于项目设计团队的概念发展起来的，最初是指完成一个设计项目所建立的专业团队。这个团队可以是企业自身的设计人员，也可以包括企业外部的设计师，是一个短期的灵活组织。但对于设计力处于发展阶段的企业而言，设计团队也可以指其正在不断建设和发展的设计力量，即一个相对稳定，而非以项目为基础的概念。不论是哪种设计团队的概念，其强调的重点都主要为以下两个方面：是承担实际设计工作的组织；该团队在项目流程中与其他职能部门以及管理层沟通和协调。

好设计的概念虽然从表面来看似乎与设计组织并没有直接的联系，但事实上却联系密切。它包含的两个层面的内容，即企业内部对于好设计的认知（好设计标准的制定）与企业对于设计品质的管控和设计评审，都和设计流程组织紧密相连。

第三节　从执行层看设计管理

设计的执行管理主要指的是设计流程管理以及执行中的设计沟通问题。设计流程与产品管理以及商业管理中的新产品开发过程是总体对应的，它并不是一个独立的专业流程，而是以设计的角度看待产品开发整个流程。在设计流程中，主要探讨的议题包括设计规划的制订、设计概念的产生和样品的制作，这也是设计流程的三个重要阶段。在设计管理的研究中，处于最前端的设计规划是最重要的，因为它直接影响到设计的定位和方向，企业在这一阶段所需要重点关注的是市场研究的展开和设计概念的确定。

而就沟通的概念而言，按照沟通的对象可以划分为设计与市场的沟通、设计与消费者的沟通、设计与技术团队的沟通。在实际的企业设计管理实践当中，最常见的是设计流程中各个环节内容之间的沟通，以及参与流程的各种职能和设计之间的沟通。由于沟通内容的重要性，本书的第十章将对其进行单独的表述，并配合实战流程的阐述，介绍主要的沟通执行方式。在这一节里，我们主要介绍设计项目流程。

设计项目流程（即设计程序）是指一个设计项目从开始到结束的全过程中的各阶段工作步骤，是产品开发设计的流程。在总结过去设计管理实践经验的基础上，人们逐步总结出一些相对一致而又稳定的设计程序模式。

产品设计开发的程序就是从设计的整体目标出发，在现有的资源条件下，研究产品（设计对象）的内在与外在因素，安排协调所必需的多种活动环节，寻求和实施最优过程和方法。产品设计程序包含不同环节，在各个环节上都有明确的阶段性目标，并在总的进程关系上展现出递进频率和因果性成果。剖析产品设计的流程构成，可以揭示出产品设计流程的一般规律性结构，并明确其中关键环节的意义。

设计项目流程根据项目性质的不同，可以分为三类：线性流程、弹性流程、门径管理流程（Stage-gate）。

一、线性流程

线性的产品设计流程是指在设计过程中，各个环节按一定顺序依次进行。它以行动之间的顺序为特征，往往可用流程图进行展示，通常可以分为发现问题、定义问题、设计、提案、改进和完成六个阶段。这样的线性流程往往又被形象化地比喻成"接力赛式流程"。

图 6.3　线性设计流程

　　发现问题即在获知客户需求之后，对于客户的要求、条件及背景做最基本的了解，双方商议后达成共识。在此之后即可以进入问题定义的阶段，设计人员通过沟通和初步的市场/产品研究后提出创意的方向，并进一步定义具体的项目需求。在设计过程里，设计团队可以从脑力激荡、草图、结构图、设计细化、色彩等方面入手，提出设计概念并逐步完善。完善后的方案即进入设计提案阶段，设计团队向客户介绍设计方案，客户对设计方案进行选择并分析可行性。被选出的方案进入到下一阶段的改进和完善阶段，包括设计修改、优化、测试、造型发展等。由此，进入到最终完成阶段，即方案通过结构设计进入到制造阶段，最终推向市场。

　　线性产品设计流程可以确保每一开发步骤都得到执行，过程相对简单，开发风险比较小，成本、过程和结果都比较容易控制，适合于开发能力较低、对于开发成本比较敏感，或者对抗产品市场风险能力较弱的公司。但是，线性流程最大的缺点就在于其环环相扣的结构。后面的步骤是在前一步骤结束后才参与到流程链中，它对前一道流程的反馈信息具有滞后性。因此，一旦前面的工作出现较大的失误，就需要对设计进行重新修改，造成工作反复、开发周期变长，以至于最终产品得不到市场的良好回馈而失败。设计部门独立于生产过程和销售过程之外，设计错误往往在设计后期才会体现。设计不合理造成的生产制造困难有很多，比如设计尺寸不够精确、未能利用现有的生产设备、未能充分考虑工人生产实际操作情况而导致生产困难，等等。更别说对运输销售过程中一些细节问题的忽略，如某些产品尺寸与包装、销售货架的尺寸无法匹配等。

二、弹性流程

在弹性流程中，各个职能部门配合密切，信息在各个阶段的工作部门之间反复传递，使得设计研发的准确度大大提高。这减少了因为不同职能部门在专业领域上的差异而导致的设计错误和风险。在弹性设计流程里，各个阶段的工作可以是并行的，也可以往复进行，因此它又被形象地称为"排球式流程"或"橄榄球式模式"。

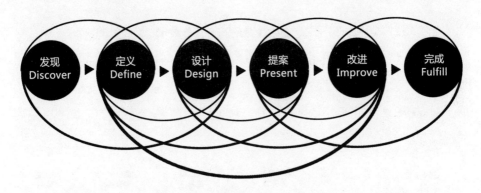

图 6.4　弹性设计流程

弹性设计流程的优势在于：

1. 通过各职能人员的协作，使设计流程中的某些阶段尽可能同时进行。这样能够大大缩短产品的研发周期，降低产品成本，缩短上市时间，从而提高产品竞争力。

2. 它能将产品整个生命周期中的各种因素（包括质量、成本、进度和用户需求等）考虑到设计活动中去，更具有可靠性。各职能人员从产品开发初期就从各自的工作角度出发，对设计的合理性、可行性、经济性等细节加以控制，能够及时地发现和纠正设计偏差，提高产品开发的一次成功率。

3. 开发小组能够实现市场、技术和生产等信息的共享，进行跨职能领域的决策，实现多学科、多领域专家的群体协作工作。

但是，弹性设计项目流程也有它不足的地方。由于流程中包括多个子程序，各个子程序又各有目标，它们相互作用又相互制约，随时可能发生冲突。这些都需要通过合理协调、认真规划、充分共享信息资源等来减少冲突。而冲突一旦发生，要有合理的冲突检测和冲突协调工具来加以化解。在开发过程中，存在着管理难度大、小组成员责任不明确、各种信息的收集和传递需要大量的协调工作等各种难题。

三、门径管理流程

如今全球各大企业所广泛使用的新产品开发流程是加拿大籍的新产品开发大师罗勃特·库珀（Robert Cooper）在 1988 年所提出的"Stage-Gate"流程，译为"门径管理流程"，也即"阶段—关卡流程"。这一流程基于库珀博士对 60 多家企业真实案例的研究，包含了大量来自一线管理人员的经验和建议。[1]

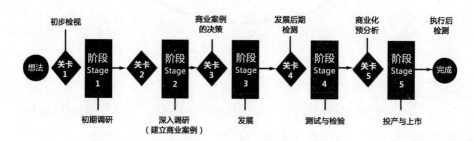

图 6.5　门径管理流程

门径管理系统由阶段、关卡和关卡决策三个部分组成：

1. 阶段（Stage）

门径管理流程将新产品开发过程切分为五个不同的阶段，而每个阶段都包含着一套可与其他阶段平行开展的活动，通常由企业中不同部门的人员同时进行。在大部分企业的阶段—关卡流程中，每个阶段都要提供一套对企业

---

① "Stage-Gate"一词首次出现于库珀 1988 年在《市场管理杂志》（*Journal of Marketing Management*）发表的一篇文章里。

有利的活动建议和实务操作。同时，每个阶段的过程中都需搜集必要的信息，以使方案得以进展至下一个关卡。每个阶段的工作都是跨部门的同时进行，没有任何阶段由一个部门单独进行。

2. 关卡（Gate）

关卡可提供对新产品项目质量的评估，以确保新产品开发的方向，并同时进行合理的资源分配。在库珀看来，关卡是每个阶段之前的评估和决策，是新产品质量管控的检测点，是对"过关/淘汰"或"优先级"的决策。如上图所示，关卡检测主要包含三项因素：

（1）检查项目（Deliverables）。项目领导人与小组成员在每一决策点必须提呈相关事项（例如必须完成和达到的结果），让项目小组明晰管理阶层的期盼。这些阶段性成果必须是看得到的，而且是根据每个关卡所列出的标准，在前一关卡产出时即决定的。

（2）标准（Criteria）。指衡量项目的依据，包含一些必须符合的项目或检验标准，以便能够及早排除不良项目，并用来评估项目的重要性，以及其在所有工作中所处的优先级别。

（3）阶段产出（Output）。这可能是一项决策的制定（过关/淘汰/暂缓/回收再使用，等等），或对下一阶段活动计划的核对（包含人力/时间/经费的来源与分配，以及日程的排定，等等），或为阶段成果的审定，或是下一关卡的日期。

3. 关卡决策：资源分配

项目评估最重要的部分为如何将有限的资源分配给众多的方案。在实务上，关卡决策分为两个步骤：

（1）评估方案是不是一个好的项目方案？是否能够着手进行？在此评比的根据为方案本身是否符合相关因素，可以将此视为过关/淘汰决策。

（2）优先级的制定：如果方案是可行的，但还有其他备选方案，其中有些正在进行，有些被搁置，有些还掌握着其他的资源——这些方案的优先级如何评定？如果方案的可行性高，即被定为优先开发，企业可汇聚资源重点投入；暂时搁置的，等资源较充裕时再进行。

过关/淘汰的决策与优先级的制定涉及企业中其他正在进行或先前被搁置的方案，过关决策涉及资源分配，是一个棘手的问题。

门径管理流程可以指导一个新产品项目从创意到产品上市的全过程。它允许组织利用关卡将新产品开发的工作量划分为几个阶段。在获得批准进入下一个阶段之前，负责该阶段的团队必须成功地完成之前预先设定的一系列相关活动。

门径管理流程能够有效地控制开发费用，因为它们允许管理层对当前阶段的费用进行评估，经批准后才能进入下一个阶段，可以对组合方法进行整合，还能加速决策过程，并保证投资的价值。

门径管理以新产品研发的生命周期设定为主线，确定新产品研发的流程和各阶段管理目标。门径管理流程的主要优势包括：

（1）完善的创新开发活动能够成为组织的一项竞争优势。

（2）产品寿命周期不断缩短，阶段—关卡的流程方法对加速产品开发显得尤其重要。

（3）提高新产品的市场成功概率，及早避免不良产品开发项目，帮助把握开发方向。

（4）将大公司复杂的产品研发过程进行合理细分。

（5）提供开发纲要，有助于关注优先项目、优先流程。

（6）对市场因素进行有效整合。

（7）推动组织内不同职能人员参与和投入。

（8）与各种绩效管理工具有效嫁接。

当然，它也具有一定的局限性：

（1）尽管在每一个阶段，各类工作平行推进，但就总体进程而言，各个阶段仍为线性分段进行，之后再进入开发、测试、投产和上市环节。一些产品创新专家提出，在实际的开发过程中，各个阶段可以平行推进，且信息可以往复交流。如观察完成后进入产品框架建构阶段，建构完成后，可以再放回市场和用户中进行观察，从而优化方案。

（2）很长一段时间，阶段—关卡流程缺少发现市场、寻找创新理念的过程。

（3）由于开发组织在其负责的阶段为了高质量地完成任务，往往与整体开发创造的协调性、时效性要求存在矛盾。但是就产品创新而言，开发组织与开发创造都很重要，缺失了哪一部分都不行。

第七章 从战略层看设计管理

设计管理战略层与国家或企业的发展远景有着密切的联系，其主要内容包括创新、竞争力、设计投入、设计意识和品牌等。在这一章里，我们将主要介绍其各要素和设计的关系。

第一节 设计管理战略中的各要素

一、品牌

（一）我国的品牌设计发展状况

针对国内企业设计管理状况的一项调查显示，时至今日，仍有许多企业管理者对标志、商标和品牌这三个概念的认识是混淆的。造成这一结果的原因主要来自历史因素和产业实践。在中国，早在"品牌"一词从西方引入之前，"标志"一词已长期为人们所习惯使用。在品牌概念导入企业之前，标志是企业在产品上最主要的视觉识别要素。品牌的概念被介绍到中国之后，被广泛地视作"标志"一词的外来语，人们误认为二者的含义是完全相同的。

在产业的实践中，许多企业也仍然倾向于用标志设计来代指品牌建设。20世纪80年代后，随着改革开放的深入，企业经营领域里的主要设计活动开始关注标志设计和广告设计。这一情形一直延续到 20 世纪 90 年代末期，企业识别系统（Corporate Identity，简称 CI）开始引入。而这一系统事实上是由日本学者在欧美品牌管理经验的基础上设立的。这一系统认为，品牌的运营、维护和管理是需要记录、分析和标准化的，从而形成 CI 体系，以便更加有效地达到目的。CI 系统主要包括三个部分：企业理念识别（Mind Identity，简称 MI）、行为识别（Behavior Identity，简称 BI）和视觉识别（Visual Identity，简称 VI）。然而，当这一系统被引入我国时，大多数企业最感兴趣的是视觉识别系统，主要原因在于视觉识别方面的工作最容易实施并看到成效。但当企业开始运用 VI 系统的时候，事情又变得难以控制。90 年代后期，VI 设计往往被单纯地看作照着企业手册的内容制定相应的标志应用规范，而不注重表达企业文化的内涵，这一时期的品牌设计与品牌战略是脱离的。

这一现象的形成也有特殊的历史原因。20 世纪 80 年代，改革开放初期，随着私营经济的发展，最早的设计理念通过海归的高校老师们带回。这些最新的国外设计思想和我们传统的设计认知发生了冲突，其中包括标志和品牌概念的冲突。另一方面，刚刚从计划经济向市场经济转变的中国市场仍然是一个供不应求的卖方市场，企业只关心标志设计，除此之外并没有其他设计需求。1982 年颁布的商标法要求新成立的企业必须为其产品和公司设计商标。之后，越来越多的机构、活动等都开始用标志来完成视觉识别的建构，导致业界普遍误认为标志代表了一个企业的所有视觉表达。当市场发展到买方市场时，品牌的概念被介绍到中国的企业里，而品牌被国人理解为单单指代企业的名字和形象，从而使得标志和品牌的概念混淆在一起。

发展至今，我国已经有一批企业开始摆脱原有的、围绕标志而建立的设计观，进而发展到以设计参与到整个品牌规划的先进理念。

（二）品牌与设计

尽管对于品牌的定义是多种多样的，但总体而言可以分为两大类：一类是关注品牌的外在效果，如品牌的名称、符号等，用于区分其他产品；另一类则是用于建立品牌的声誉度，主要包括企业的行为以及它所提供的服务等。品牌的类型可以进一步地用三对变量进行区分，即单一品牌或多样化品牌、区域性品牌或国际化品牌、制造商品牌或渠道品牌。

设计和品牌的关系是相辅相成的。通常而言，品牌的建立可以促进设计的运用和发展；而设计也被视作促进品牌发展的核心手段，为了实现品牌发展和定位的差异化，设计必需应用其中。

(三) 国外品牌设计现状

从上个世纪初期开始，最早的一批欧美企业开始品牌设计的实践工作。发展至今，品牌设计已日益成熟和完善，和企业运营的各个部分有机结合，并融入企业的创新设计战略与执行当中。

品牌是企业经营时面对大众的综合考虑与规划，而设计则是把这些规划串联起来的途径。品牌设计的元素主要包括色彩、形状、名称、触感/材质、声音、图像、字体、环境等。

类似于 CI 设计的概念，现有的国外品牌设计在执行中强调品牌引导（Brand Guidelines）的概念，关注品牌设计元素在企业实践各个方面的应用。虽然它也包括视觉的部分，但更加注重品牌的文化、行为准则等的建构，以作为企业核心文化的指引。

未来的品牌设计将更加注重消费者、文化和技术之间复杂的互动。而在设计的运用上，则需要考虑和不同学科的结合，注重品牌体验，只有这样才能取得未来长远的成功。品牌的概念将超越企业的范畴，进一步提升到帮助个人实现价值的层面。

二、战略

在激烈的企业竞争环境中，战略更倾向于被定义为企业的长期竞争策略。总体而言，战略的制定主要是为了定义方向并确保弹性，这也是战略定义的主要内容。

战略本身基于分析竞争，并且是企业发展方向的反映。战略发展的途径有两种显著的差异方式：有计划的战略和应急战略。有计划的战略是依据企业的自身特点，如历史、背景、资源或组织结构等逐步发展起来的，而应急战略则允许企业各组织结构就某一突现的状况灵活调整发展策略。

通常而言，设计战略和品牌战略是密切联系的，重在通过管理，合理分配设计资源，以保证企业文化得以阐发。同时，设计也可以促进战略目标的达成。在战略层面管理设计，也意味着在战略形成的过程当中，设计管理的贡献不可忽略。

三、设计投入

若要投资设计，一个企业首先要了解设计的价值。在研究设计管理的著述中，有关设计价值的陈述是多种多样的。有的认为设计价值是通过把客户的需求与企业经营的需求相联系而体现出来的；也有的学者研究宏观层面，即设计、生活和经济的相互影响。在生活中，设计可以用于改善审美、实用性、表现方式和环境；而在经济中，设计可以促进销售和利润增长。总之，它可以提高企业的竞争力。

设计的价值也可以从以下方面去理解：（1）通过提供产品的差异性和发挥其对于成本的贡献作用，从而设立进入此类产品市场或是行业的壁垒；（2）通过更高层次的差异化和对产品功能的改进，增加潜在替代者进入的障碍，以降低供应商的议价能力；（3）通过更高层次的差异化和提高产品品质，以及避免直接对比来降低价格敏感度（归功于差异化和质量）和购买者的议价能力等。除此之外，设计对产品的贡献还可以从更加广义的角度来看待，包括减少生产成本，并且最小化对于昂贵材料的使用；为客户提供实在的良好服务，以增强客户的忠诚度；发展能够帮助企业在竞争激烈的市场中增加市场份额的创新产品与服务；通过更好的信息设计减少客户的抱怨；把客户体验品牌的方式和特征融入改变企业的认知过程中，等等。

通常企业会在管理层面讨论对于设计的投入，尤其是在计算一个企业对设计职能的投入和产出时。同时，这一议题也可以从项目层面进行考虑，多指一个项目的成本。在一个新产品开发的不同阶段，每个阶段的设计投入都应该有一个相应的比例。研究表明，在一个标准的新产品开发流程中，包括概念设计和细节设计的整体设计投入比例应该占总项目成本的**29.5%**。

四、创新

创新在商业发展中有着广泛含义，对创新程度的划分也是多样化的。就产品创新而言，可以分为四个层面：突破性产品创新、平台式产品创新、衍生创新和改善型创新。更进一步，按照不同的技术和市场战略，产品创新又可以被划分为全新产品创新、产品线拓展型创新、跟随型产品创新和改型式产品创新等四个类型。

就创新的种类和程度而言，可以做出下表中的区分，并各有代表产品：

表 7.1　创新的种类

	产品	服务	过程	商业模式
根本性	汽车取代马	网上银行	英国皮金顿平板玻璃①	互联网
激进式	氢动力汽车	新型的按揭	填充气体的热玻璃	电脑的网上销售
渐进式	新款汽车	不同的按揭特点	不同颜色的玻璃	在商业区销售而非市中心

来源: Stamm, B. V., *Managing Innovation, Design Creativity*, England: John Wiley & Sons Ltd., 2003, p. 6.

创新通常以两种方式发生：一种是由新创意、新材料和新技术刺激而生；另一种是修改已知的设计而形成的渐进式创新。这同时也代表了两种差异化创新的程度，即激进式创新或突破性创新、渐进式创新或低创新。激进式创新通常适用于一个产业里的新进入者，对他们而言，这是一个非常有效的发展策略。但在现实中，成功的产品或是服务往往并不是来源于激进式创新。很多情况下，企业是通过渐进式创新或是对于产品及服务的持续演化而不断增加市场份额。

---

① 玻璃制造的最大创新，便是 1960 年代由英国皮金顿玻璃（Pilkington Glass）公司所推出的平板玻璃（float glass）流程。此流程整合了所有的玻璃制造作业，使它们的生产成为单一自动化的流程。

在不同的创新种类里，设计扮演着不同的角色。就激进式创新而言，设计能够把突破性的技术创新转化成在商业领域里的新应用；就渐进式创新而言，设计通常关注的是品牌的知名度和售后服务。

五、设计意识

设计意识往往指的是两个层面的内容：一是认识到设计可以是一系列有价值的活动，有助于长期盈利，因此这样的设计更需要被严格管理；二是一个组织对设计活动的认识，以及其设计如何与其他职能部门产生联系。[①]

而要描述一个企业对于设计的态度，最有效的方式就是审视这个企业的组织结构，以及其他职能经理与设计的关系。安哥拉·大仲马（Angela Dumas）和艾伦·惠特菲尔德（Allan Whitfield）在有关"沉默的设计"的研究中发现[②]，其他职能部门的经理也是企业设计意识形成的重要角色[③]。这些研究表明，在商业成功的企业里，高层的职员往往都对设计有比较广泛和充分的理解，并能比较清楚地认识到设计的决策是应该怎样进行的，即它们决定的不仅仅是概念、造型或是表现，更会影响到关于市场竞争力的其他一切要素。

除此之外，设计意识的内涵由于不同公司所提供的服务内容存在差异而有所不同。以产品为主的企业，他们的设计意识表现在产品的技术和形态上；而以服务为主的企业关注的要点则是设计的执行体系与环境。

企业运营中设计的角色在于视觉化地表现企业的价值和该组织的信念。设计是客户、社会、企业之间的界面，也是拓展创新的外延空间[④]。

---

①　Topalian, A., "Developing a corporate approach", in M. Oakley(Ed.), *Design Management: A Handbook of Issues and Methods*, UK: Basil Blackwell, 1990, pp. 117 – 127.

②　Dumas, A. and Whitfield, A., "Why design is difficult to manage", in P. Gorb(Ed.), *Design Management*. UK: Architecture Design and Technology Press, 1990, pp. 24 – 37.

③　Roy, R., "Product design and company performance", in M. Oakley(Ed.), *Design Management: A Handbook of Issues and Method*, Oxford, U. K.: Blackwell Ltd, 1990, pp. 49 – 62.

④　Borja de Mozota, B., *Design Management: Using Design to Build Brand Value and Corporate Innovation*, New York: Allworth Press, 2003, pp. 78 – 81.

六、竞争力

提高竞争力的方法主要有三种：产品创新、好的产品设计和流程创新。产品创新可以通过应用新技术、新材料和新发明来实现。好的产品设计能够在产品外观、可靠性、人机工学等方面增加购买者购买的可能性，同时也能够保证制造环节的经济性。流程创新通过改进生产过程、提高生产效率，进一步提高产品的市场竞争力。

通常，商业成功的企业不会只在一个维度考虑竞争力的问题，他们更倾向于精确定义产品的各个方面，并通过聘用专家以满足消费者多方面的需求。

设计对于产业和企业的商业竞争力有着至关重要的作用。它不仅仅是促进竞争力的一个主要因素，而且与竞争力中的价格及非价格因素紧密联系。进一步而言，设计对于可持续竞争力的作用通过三个方面体现出来：和企业文化相连、和其他职能相联系、改善执行力①。设计的价值在于使产品或服务更独特，设计管理能够改善产品或服务的流程，包括最初的构思、供应链、销售点等，设计思维则能够激发更多有价值的竞争优势出现。

第二节　经营模式：从 OEM、ODM、OBM 到 OSM

一、四种经营模式

根据最新的研究分类，企业的经营模式可分为 OEM、ODM、OBM、OSM 四种类型：（1）OEM，Original Equipment Manufacturing，代加工制造；（2）ODM，Original Design Manufacturing，代设计制造；（3）OBM，Original Brand Management，自有品牌管理； （4）OSM，Original Strategic Manage-

---

① Kristensen, T. , "The contribution of design to business: a competence-based perspective", in M. Bruce and B. Jevnaker(Eds.) , *Management of Design Alliances: Sustaining Competitive Advantage*, Chichester: Wiley, 1998, pp. 217 – 241.

ment，自有战略管理。

虽然四个模式都有以"M"为首写字母的单词，但是含义却不尽相同。前两个模式中的 M 意指制造，后两个模式则强调管理。不过，品牌的概念并不只是存在于 OBM 中，四个经营模式都有各自的品牌塑造方式，而在这之中，设计的内容与重点也各不相同（参见图 7.1 中各种经营模式的发展和内涵）。

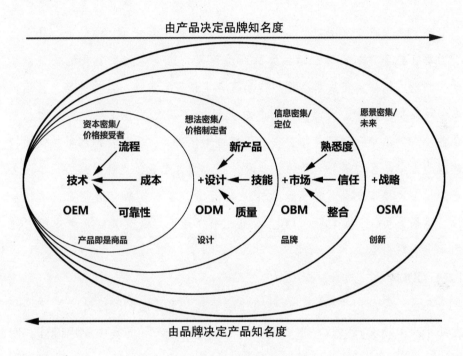

图 7.1　经营模式的发展和内涵

（一）OEM

在这一经营模式里，技术是最核心的竞争力。而技术主要是在提高制造水平的方向上发展，其发展的重点包括改进制造流程、降低成本、增加产品的可信赖度等。这种经营模式的企业重在使产品向商品转化，即通过各种新技术的应用提高生产效率与质量，从而提高产品的竞争力，增大产品商品化的机会。以代加工制造为主，决定了这类企业必然是资本密集型企业，且是产品价格的接受者而非创造者，富士康即是这一类型的企业代表。富士康专做生产制造，但因其规模化的管理和技术，已经成为一个可靠而高效的生产服务品牌。

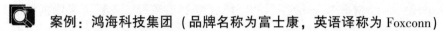 **案例：鸿海科技集团（品牌名称为富士康，英语译称为 Foxconn）**

鸿海科技集团是台湾一个主要从事电子工业的企业集团，以郭台铭创办并任董事长的鸿海精密集团为核心，专注于代工服务，研发生产精密电气元件、机壳、系统组装、光通讯元件、液晶显示件等 3C 产品的上、下游产品及服务。鸿海科技集团在严格的模式、纪律与效率要求下，通过进行产业上下游垂直整合的方式建立起巨大的经济规模。旗下各关系企业的研发、设计、制造、销售、售后服务等领域涵盖各式精密零组件、结构件等，营运据点遍及亚、欧、美三大洲，员工总数已超过百万人。2010 年，其集团主要企业鸿海集团单一公司合并营收就已超过千亿美元，不仅让鸿海科技集团持续成为大中华区的第一大外销企业及第一大民营企业，更使鸿海公司单一公司规模挺进福布斯全球前五十大企业排行榜。客户包括有诺基亚、摩托罗拉、苹果公司、三星电子、LG、索尼、中兴通讯，以及其他大量中国大陆的本土手机企业。

（二）ODM

在这一经营模式里，设计是核心竞争力，主要强调的设计为新产品开发所带来的机会点。这一模式的实现途径是在新产品开发中应用设计，发展设计技巧，提升设计品质等。通过设计力的培养和发展，企业才能摆脱价格竞争的恶性循环，成为价格的设立者，由资本密集型向知识密集型的方向发展。

这类企业广泛存在于我国各种产业和行业类别中，尤其是以服装、家电、通讯等产业为主要代表。一些企业从 OEM 起步，有感于价格竞争的激烈，开始拓展到 ODM 的形式，以形成差异化的服务，从而增加赢取制造订单的机会。另一些拥有自主品牌的企业也愿意投入到 ODM 的业务中，以增加与国际先进企业合作的机会，同时也可分担过剩的产能。

（三）OBM

在这一经营模式里，品牌是核心竞争力，而市场则是实现这一竞争力的主要途径，其内容包括如何发展品牌的熟悉度、信赖度、整合度等。在知识密集的基础上，这类企业强化信息密集型的发展方向，同时以清晰的战略定义自有品牌的市场地位。我国已经有越来越多的企业意识到发展自有品牌的重要性，并开始持续增加投入。

🔍　**案例：联想集团**

联想集团成立于 1984 年，由中科院计算所投资 20 万元人民币、11 名科技人员创办，到今天已经发展成为一家在信息产业多元化发展的大型企业集团。2004 年 4 月 1 日，联想集团的英文名称由 "Legend" 改为现在的 "Lenovo"。"Lenovo" 是个混成词，"Le" 来自 "Legend"，"novo" 是一个假的拉丁语词，从 "新的"（nova）而来。同年联想以 17.5 亿美元（12.5 亿美元以及 IBM 的 5 亿美元欠债）的价格收购 IBM 个人计算机（PC）事业部，并获得对 IBM 品牌的 5 年使用权，成为全球第三大 PC 厂商，这标志着新联想的诞生。收购完成后的联想把 IBM 举世闻名的 "Think" 品牌笔记本业务、联想在中国首屈一指的品牌知名度、对消费和商用客户的高品质服务和支持、在中国这个全球增长最快的 IT 市场上的强大实力和领导地位整合在一起，从而形成遍及全球 160 个国家的庞大销售网络和广泛的全球认知度。

全球化品牌营销是整个联想全球化战略的核心和重心。联想早在收购 IBM PC 事业部之前就深知国际性品牌的重要性和不可或缺性，正是因为在一定程度上受困于联想品牌走向全球化所面临的巨大困难和障碍，才有了收购之举。联想在使自有的 Lenovo 品牌全球化的过程中，不惜投入巨资，抱着长期的坚持和必胜的信心，已然通过体育营销、奥运营销和联合营销等营销战略取得了良好的成绩。

联想在收购 IBM PC 业务之后，并没有急于将 "Lenovo" 字样马上应用在其 PC 产品上，而是继续沿用 IBM 的品牌形式。在国际市场上联想兼并

IBM 虽为人所知，但 Lenovo 的品牌信心尚未获得认可。联想集团通过以下四个阶段，来实现渐进的过渡：

第一个阶段，在兼并之后的一段时间内，继续沿用 IBM 与 Thinkpad 组合的品牌策略，维护消费者在选购时的品牌信心。

第二个阶段，经过 11 个月之后，开始剥离 IBM 母品牌，以 Thinkpad 的产品品牌命名。

第三个阶段，新联想携手 IBM 团队，陆续推出使用 Thinkpad 的新产品。

第四个阶段，联想推出"让世界一起联想"的宣传口号，这种包容联想和 IBM 品牌个性、中性的宣传口号，强化了联想与 Thinkpad 产品之间的天然联系。

联想不仅打消了人们在并购初期的疑虑，并且实现了业绩的增长。联想结合国际化的产品组合和市场布局，为 Lenovo 品牌注入了一系列全新的品牌元素，从而迅速确立起新联想的国际化形象，完成了从本土公司到国际化企业的转变。

（四）OSM

在这一经营模式里，战略是企业的核心竞争力。企业以创新为主要活动，并通过各种类型的创新，达成长期的战略发展方向。企业从宏观愿景出发来进行管理，制定出能够实现未来目标的战略计划，进而以此为基础制订完整的结构系统，并逐步发展完善。

就我国现有产业的发展面貌而言，很少有企业能够从整体战略出发架构运营和管理系统，从而达成长远的发展愿景。就国际范围而言，不少成功的企业采取了这样的方式发展，例如德国的博朗（Braun）、美国的苹果等。

🔍 案例：德国博朗

德国博朗于 1921 年在德国的法兰克福奠下基业后，几十年间，借一流的个性化设计和品质，成为家电殿堂中的至尊名品。对品质近乎苛刻的执着追求，对每一个细节的关注，天才的创意，人性化的设计，高贵而含蓄、简约而充满内涵的风格，成就了德国博朗这一世界品水平。1921 年，马克斯·博朗（Max Braun）创立了自己的电器公司，1935 年正式注册为博朗公司。其创业之初生产工业传送带，之后开始生产通讯产业的部件。马克斯·博朗是一位具有非凡天赋和创造力的人，早在 1929 年就发明了收录机，堪称业界先驱。在博朗帝国打下根基的最初日子里，内在的高品质与不断的创新一直是其最重要的基石。

1945 年，马克斯·博朗的儿子亚瑟·博朗（Artur Braun）加入博朗，秉承了父亲创造天赋的亚瑟发明了博朗的第一款电动剃须刀。这一具有划时代意义的技术和设计仍然沿用至今。1951 年，马克斯·博朗去世，他的两个儿子埃尔温·博朗（Erwin Braun）和亚瑟·博朗执掌博朗帝国。他们将博朗的经营理念——不断创新、一流设计、完美品质继续向前推进，并不断拓展博朗的产品范围。

如今，博朗在全球主要发达国家，如德国、日本、美国，以及发展中国家中国都设有自己的公司，全球员工超过 7500 人，产品包括 10 大类、200 多种小家电，涉及电动剃须刀、电动口腔护理产品、脱毛器、食品加工器、咖啡机、电熨斗、耳朵测温计、护发设备、时钟和计算器。其中，在几何刀片设计、脱毛器、手动搅拌机和口腔护理这些产品领域遥遥领先，成为名副其实的家电巨头。

二、设计在四类经营模式中的角色

设计在以上四个企业经营模式中扮演了四种不同的角色，也对应着品牌设计的四个层次①。

在 OEM 模式中，企业关注的是规模化生产现有产品，以实现降低单件产品成本的目的。企业的经营战略核心是对产品线的布局，即有效利用现有的资产和人力资源，实现产能最大化。在这一经营活动里，设计的主要角色

---

① 这一模式由约翰·郝斯科特在其 2004 年的一次演讲中正式提出。

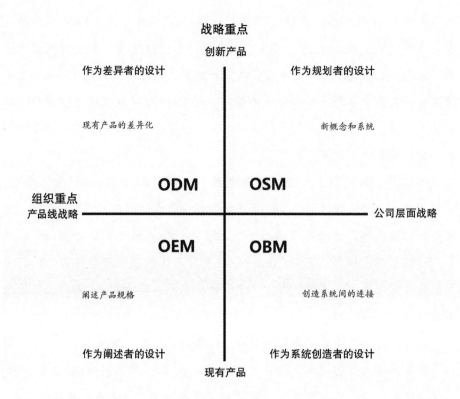

图 7.2 设计的角色

是对产品结构的揭示和传达，即以产品结构为依据，完成外观的设计、制造，以保证功能的实现。

在 ODM 模式中，企业通过产品创新实现产品及产品线的差异化。虽然企业经营战略仍停留在产品线的布局层面，但产品创新开始带有更加积极的因素，例如通过不同的产品造型有效区别各产品线，从而增加企业产品总的市场覆盖范围，达到增大市场占有率的目的。在这里，设计扮演了非常重要的角色，也就是使产品差异化。

在 OBM 模式中，企业关注的是基于现有产品的企业战略。设计扮演着企业经营系统沟通者的角色，在企业内部，通过统一的视觉语言联系各个不同的职能部门，使各部门协调发展，并促使他们对企业发展目标达成一致的认识。在企业外部，设计负责把企业的战略、主张、愿景在系统规划的基础上，通过视觉语言与外部合作方、购买者等进行沟通。

在 OSM 模式中，设计承担系统规划的角色，设计师作为企业经营和创新系统的规划者，以设计思维为手段，规划企业的完整经营战略，以及持续创新的途径。

三、未来的发展方向：体验设计

在不同的经济时代，普通大众对于个人价值的诉求各不相同，而企业及组织所提供的满足大众需求的价值点也随之发生变化。

表7.2 各经济时代及思维模式的转变

<table>
<tr><th rowspan="2"></th><th>产业经济</th><th>体验经济</th><th>知识经济</th><th>转移经济</th></tr>
<tr><th>价值表现</th><th>价值点</th><th>价值链</th><th>价值网络</th><th>价值星群</th></tr>
<tr><td rowspan="6">人的思维模式</td><td>专注点</td><td>拥有产品</td><td>体验</td><td>自我实现</td><td>有意义的生活</td></tr>
<tr><td>视野</td><td>本地</td><td>国际</td><td>情景</td><td>系统</td></tr>
<tr><td>追求</td><td>使自己的生活现代化</td><td>寻求生活方式的识别特征</td><td>获得个人的力量</td><td>解决集成问题</td></tr>
<tr><td>效果</td><td>生产力和家庭生活</td><td>努力工作，努力享受</td><td>发展个人潜能</td><td>有意义的贡献</td></tr>
<tr><td>技巧</td><td>专业化</td><td>实验</td><td>创造</td><td>转移的思维</td></tr>
<tr><td>途径</td><td>跟随文化编码</td><td>打破社会禁忌</td><td>追求抱负</td><td>同理心与合作</td></tr>
<tr><td rowspan="6">企业的思维模式</td><td>经济驱动</td><td>大批量生产</td><td>市场与品牌</td><td>知识平台</td><td>价值网络</td></tr>
<tr><td>焦点</td><td>产品功能</td><td>品牌体验</td><td>使用户能够创新</td><td>增强意义</td></tr>
<tr><td>特质</td><td>产品</td><td>产品与服务的综合</td><td>使用户能够创新的开发工具</td><td>全部包括的价值网络</td></tr>
<tr><td>价值主张</td><td>商品</td><td>目标体验</td><td>使用户自我发展</td><td>伦理的价值交换</td></tr>
<tr><td>途径</td><td>劝说购买</td><td>推广品牌生活方式</td><td>使用户能够参与</td><td>借力合作</td></tr>
<tr><td>目标</td><td>利润</td><td>增长</td><td>发展</td><td>转移</td></tr>
</table>

（一）知识经济时代的 OBM 建设内容

在知识经济时代，经济的核心驱动力在于知识平台的架构。这一平台能够激发创意，帮助用户实现自身发展，鼓励大众积极参与，最终实现大众、企业和社会的共同成长。如今越来越多地依托互联网展开创新商业模式的企业就是因为具备了当下知识经济时代的这些特征，在市场竞争中占有了领先优势。这一阶段的企业品牌设计已经不再是只关注品牌的视觉形象本身，而是让设计作为一个组织创新的缔造者，有效地发现用户需求，结合技术基础及企业专长，参与企业的创新商业模式建构，并为该商业模式的可持续发展贡献力量。

用户和企业的关系从接受者和给予者变成协调创新、共同设计的新型关系。只有在设计的基础上，才能够逐渐建立起用户对于品牌的信赖、归属和认知。这和传统的建立品牌定义、形象，通过各种渠道传递给消费者的方式是不同的。交互设计就是在这一背景下得到迅速发展。依据现有的知识层次与架构，交互设计的内容可分为从下到上三个层次：（1）实际的应用层面：以具体的产品或服务为目标，通过改进用户的使用界面等接触点，带来有用、有效甚至愉悦的体验；（2）系统的架构层面：通过改善系统或流程的架构，为用户认知的信息结构提出有效的改进方案；（3）认知方法层面：了解人们认知世界的方法，以适合或是模拟这一方法的途径来反映现实，从而带来有效的、自然的体验。从这三个层次入手，交互设计可以通过有效的客户体验来传递品牌价值，树立品牌认知。

根据以上的经济范式，可以预见在未来的5—10年内，品牌的建设将以建立真正的 OBM 经营模式为主，充分利用知识经济时代的特点，持续地发展品牌的内容。

案例：飞利浦（Philips）

飞利浦2013年11月13日宣布了其全新的品牌定位：传承过去"带给人们有意义的创新"概念，以"创新为你"（Innovation and you）作为新的品牌口号表达了"对消费者需求和渴望深入洞察的创新才是有意义的"的理念。同时，飞利浦也在其位于阿姆斯特丹的全球总部大楼正面展示了著名的飞利浦盾形标志的新设计。飞利浦全球执行长万豪敦先生表示："120多年前，当我们推出第一颗灯泡时，创新就已是我们 DNA 的一部分。我们相

图7.3　飞利浦近年的标志演化过程

innovation ✦ you

图 7.4　飞利浦的新标语

信新的品牌定位能更好地反映公司'用有意义的创新改善人们的生活'这一使命。"万豪敦还说，作为一个科技公司，飞利浦致力于通过创新让更多的人享受到负担得起的医疗保健服务；使 LED 高效节能照明解决方案更好地改善人们的生活质量，并令世界持续发展；不断推出贴近本地消费者需求的消费类产品和服务，提升人们的健康水平和生活品质。

　　此外，配合新品牌定位的发布，飞利浦建立了一个发布平台，人们可以通过讲故事的形式展现对自己生活产生过积极影响的飞利浦创新成果。例如核磁共振成像引导下的高强度聚焦超音波疗法，该疗法能在治疗肿瘤时不损害周围的健康组织；另一项最新的创新成果是飞利浦 Hue 家居智慧照明系统，以该系统在伦敦的一个家庭中的安装为例，Hue 帮助他们的小女儿养成了良好的睡眠习惯。另外还有一位牙医讲述了他推荐患者使用飞利浦 Sonicare 口腔健康科技产品的原因，因为他确信这项创新能帮助人们更有效地清洁牙齿，改善口腔健康。

除了发布新的品牌口号外，飞利浦还发布了其盾形标识的全新设计。最初，盾形标识展现了飞利浦在无线电通信领域的创新。如今则增加了一些 21 世纪的创新元素，这样的设计更符合今日飞利浦的定位和发展。

根据 2013 年的一个全球最佳品牌调查显示，飞利浦的品牌价值已达 98 亿美元，新的品牌定位将更能符合飞利浦加速成长变革的精神，让飞利浦持续在医疗保健、照明和优质生活三大业务领域创新下去。

（二）转移经济时代的 OSM 建设内容

在转移经济时代，企业的核心活动为价值网络或价值星群的创立，即联合有共同价值主张的组织，为创造更好的生活而努力。这一更好的生活既是对于企业及组织内部而言，也是对外部的大众、其他组织，以及社会而言。转移的内容包括财富、知识等各个方面。在这一时代，任何新出现的技术都将作为一种帮助人们实现有意义的生活的手段而存在。因此，设计的作用在于运用设计思维建立经营战略。在这一阶段，品牌的概念将超越以往的定义范畴。

可预见的是，在未来的 10—30 年内，品牌建设将以建立真正的 OSM 经营模式为主流，即在充分利用转移经济时代特点的基础上，以建立对个人、企业、社会有意义的运营系统为主旨。其主要的内容包括：

1. 品牌主题范畴：企业或合作组织团体与社会的良好互动关系。

2. 品牌主要活动：通过社会创新，为企业、个人及社会带来可持续的创新力，从而带给社会长久的、有影响力的改变。

3. 品牌战略：以创造更好的生活方式为目标，带给企业自身和社会有意义的产品、服务或是行为方式。

4. 技术平台：共享价值的挖掘与定义。

5. 企业的基本任务：有意义的创新。

第三节 商业模式创新

一、价值创造模式的转变

价值创造始终是企业设定经营目标和自身战略定位的核心内容。在不同的时期，由于时代背景、社会环境、市场、消费者需求、产业及技术发展状况的不同，企业在定义自身价值创造时所需要考虑的因素是有差异的。对应不同的经济时代，人们对自身价值也有不同的追求。因此，企业所要提供的价值以及方式也是有差异的。就价值创造的模式而言，可划分成四种：价值点、价值链、价值网络、价值星群。

（一）价值点

价值点属于产业时代价值创造的基本模式。工业革命时期，大批量生产最终改变了大众的消费模式和生活方式，原来属于少数阶层的一些产品因为大批量制造而得到普及，人们逐渐进入消费时代。在这一时期，消费者的需求主要在于产品的基本功能，即通过购买不同的产品来丰富个人的生活。

产品是这一时期企业发展的重中之重，提供给消费者所需要的功能是企业的核心，产品功能是企业价值的载体。当生产出的产品到市场上销售时，

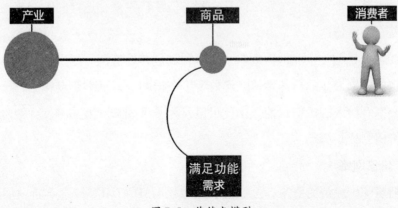

图 7.5 价值点模型

消费者的购买行为实现了产品的价值转换过程，企业所创造的产品价值就是在购买的那一时刻实现的。因此，该阶段的价值模型是以价值点的形式存在的。

(二) 价值链

随着消费者可购买的产品种类日益丰富，消费者拥有了充足的产品选择自由，不同的生活方式也随之形成。按照不同的生活方式，消费者产生一定的购买偏好。此时企业关注的重点不是通过应用新技术提升产品的功能，而是转向关注消费者的行为和心理。消费者不再像在产业经济时代那样，被视作只对产品功能有需求的消费整体，而是分化成不同的消费群。此时的企业工作重点是了解不同群体的消费需求，除了固定的可触摸的产品以外，服务也开始被引入到产品的体验中。综合了产品与服务，品牌的概念在这一时期建立起来。企业通过塑造自身品牌，一方面可吸引与之相对应的生活方式的人群，另一方面则可建立消费者的忠诚度，从而拓展市场的深度和广度。

对于一些领先的企业而言，成功地塑造品牌形象是最为主要的工作内容，而在产品研发、制造生产和销售的整个环节中，则常常将低价值的部分外包出去。品牌企业只需要制订品牌发展战略、研发计划，并且管理好市场与渠道，就可以牢牢抓住消费者和市场。基于此，供应链的概念产生了，而作为供应链各个环节的企业之间存在着价值依赖关系，这样的供应链也因此对应着一条价值链。

在这一时期，企业价值创造所依据的就是其价值链。处于价值链中段的制造企业分享最少的价值增值，而处于价值链两端，从事研发和品牌行销的企业则享有最大的价值增值。由此可见，为了巩固和发展品牌，品牌体验是创造价值的核心活动。

(三) 价值网络

随着知识经济的到来，互联网、大数据、3D 打印等技术不断发展和成熟，为普通大众提供了多样化的创新手段。创新和设计不再是企业独有的权

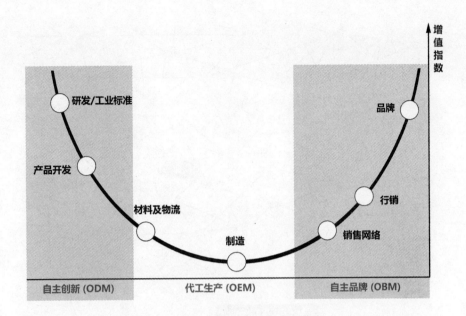

图 7.6　价值链的微笑曲线

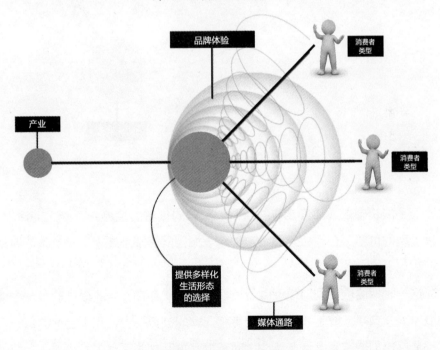

图 7.7　价值链模型

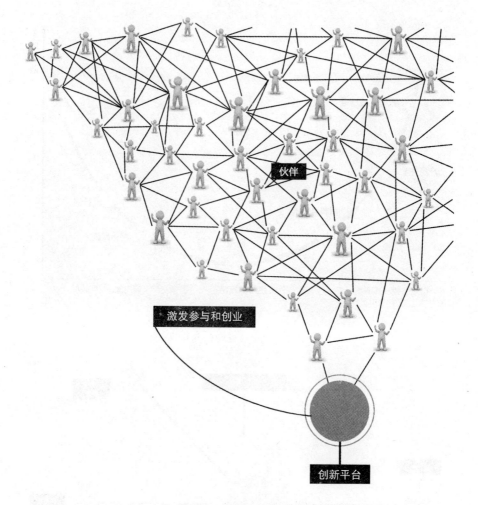

图 7.8　价值网络模型

利，而是消费者人人都可参与的活动。个体的创新力量得到了极大的激发，各种类型的创新平台也应运而生，小米、淘宝网等都是属于这一类型的典型企业。

　　这一时期的价值创造模型以价值网络的形式存在。企业提供的是一个能够激发大众参与，或是鼓励个人成为企业家的创新平台，在平台上的每一个人都是价值创造的激发点，彼此之间有着互惠互利的互动关系。

(四) 价值星群

　　未来的经济发展模式将建立在现有技术创新的基础上，知识经济的发展内容将不再强调对于新兴技术的转化和应用，以及这些技术能够为我们的生活所带来的变化。对大众参与创新的关注将进一步转化为对大众实现个人价值的关注，且个体价值和社会价值导向密切联系。大众关心的不是如何参与创新或是成为企业家，而是如何能生活得更有意义。因此，企业的主要任务将是在应用各种技术和平台的基础上，如何令大众实现自身价值，同时满足

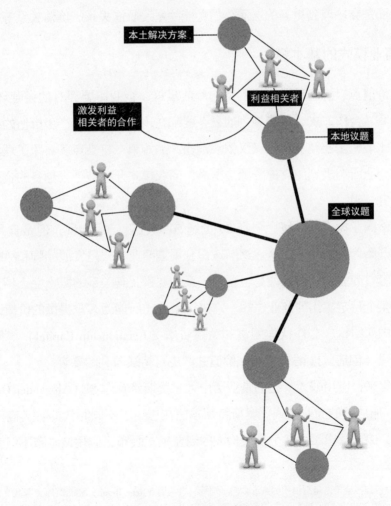

图 7.9　价值星群模型

社会发展的需求。这一任务凭借单一企业自身的力量是无法完成的，需要各类型企业在共同目标的指引下协同合作。而此时企业之间也不再是简单的线性合作关系，而是会建立更加复杂的立体动态联系。

价值星群就是对这一时期价值创造模式的形象描述。个人、企业、其他组织或社会团体会因某一问题的解决方案而走到一起，在寻求解决途径的不同阶段，可能会有不同的组织不断进入或者离开这一合作网络。合作的个人和组织之间的关系是互惠互利的，而这种利益关系往往并不单纯地指代金钱关系，而是会拓展到更多的层面，如功能关系、职能关系、价值关系等[①]。

二、商业模式的基本模块

从价值点、价值链、价值网络到价值星群，企业所要面对的经营环境、经营内容、合作方式、战略规划的复杂度都在逐级增加。其产生价值的机会点，也比最初工业经济时代仅仅依靠销售产品的单一机会点多。为了理清价值点和企业所应规划的支撑资源与渠道，商业模式开始被越来越多的企业重视和研究。

虽然商业模式这一概念早在 20 世纪 50 年代就已经出现，但是直到 90 年代才开始为人所关注。企业逐渐认识到规划商业模式是发展品牌和战略的重要内容。商业模式可以说是包含了一系列要素及其关系的概念性工具，用以阐明某个特定实体的商业逻辑。它描述了公司所能为客户提供的价值以及公司的内部结构、合作伙伴网络和关系资本（Relationship Capital）等能够借以实现（创造、推销和交付）价值并产生可持续盈利的要素。

近年来，应用较为广泛的是亚历山大·奥斯特瓦尔德（Alexander Oster-walder）所总结的商业模式。奥斯特瓦尔德在总结了不同时代的各类商业模式之后，综合提出了由 9 个模块构成的商业模式画布，应用该画布不但使得

---

① 从价值点到价值星群模式的概念来自于瑞恩·布兰德（Reon Brand）和西蒙娜·罗基（Simona Rocchi）于 2011 年撰写的关于飞利浦的研究文章："Rethinking value in a changing landscape. A model for strategic reflection and business transformation"。

原来专业性过强且复杂晦涩的商业模式变得可视化，同时也把商业模式的用途从原有的规划作用拓展到诊断和分析上来。

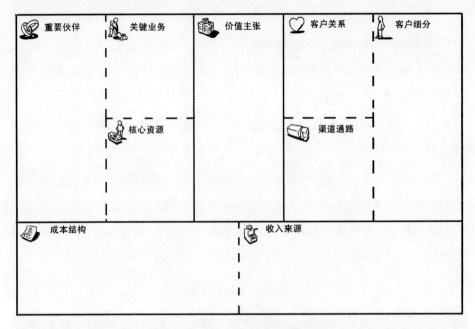

图 7.10　商业模式画布

来源：亚历山大·奥斯特瓦尔德，《商业模式新生代》，北京机械工业出版社，2011 年，第 34 页。

这 9 个模块又可以总分为四个部分：核心价值、客户、资源管理和财务管理。其中核心价值指的是画布中间的价值主张模块；客户包括画布右上角的三个模块，即客户细分、客户关系和渠道通路；资源管理对应的是画布左上角的三个模块，即关键业务、核心资源和重要伙伴；财务管理则是支撑整个画布的基础部分，即下部的成本构成和收入来源。

企业可以根据这 9 个模块对自己的商业模式做简单的定位和评估：

1. 客户细分：以不同的市场分类方式细分客户群，确立各自的定位，通常情况下市场主要可以分为五种类型。

（1）大众市场：价值主张、渠道通路和客户关系全都聚集于一个大范围的客户群组，客户具有大致相同的需求和问题。

（2）利基市场：价值主张、渠道通路和客户关系都针对某一利基市场的特定需求定制，这种商业模式常可在供应商与采购商的关系中找到。

（3）区隔化市场：客户需求略有不同，细分群体之间的市场区隔也有所不同，所提供的价值主张也略有不同。

（4）多元化市场：经营业务多样化，以完全不同的价值主张迎合需求完全不同的客户细分群体。

（5）多边平台或多边市场：服务于两个或更多的相互依存的客户细分群体。

2. 渠道通路：主要解决诸如如何接触客户、通过哪些渠道可以接触客户细分群体、渠道如何整合、哪些渠道最有效、哪些渠道成本效益最好、如何把渠道与客户的例行程序进行整合等各种问题。对渠道通路的商业模式可以遵循表 7.3 中的分类方式。

表 7.3　渠道分类表

渠道类型			渠道阶段				
			1. 认知	2. 评估	3. 购买	4. 传递	5. 售后
自有渠道	直接渠道	销售队伍	如何在客户中提升其对企业产品和服务的认知？	如何帮助客户评估企业的价值主张？	如何协助客户购买特定的产品和服务？	如何把价值主张传递给客户？	如何提供售后支持？
		在线销售					
合作伙伴渠道	非直接渠道	自有店铺					
		合作伙伴店铺					
		批发商					

3. 客户关系包括的内容有：客户希望与企业建立和保持何种关系？哪些关系企业已经建立了？这些关系成本如何？如何把它们与商业模式的其余部分进行整合？客户关系的类型有：

（1）个人助理：基于人与人之间的互动，可以通过呼叫中心、电子邮件或其他销售方式进行。

（2）专用个人助理：为单一客户安排专门的客户代表，通常是向高净值客户提供服务。

（3）自助化服务：整合了精细的自动化过程，可以识别不同客户及其特点，并提供与客户订单或交易相关的信息。

（4）社区：利用用户社区与客户，或潜在客户建立更为深入的联系，如建立在线社区等。

（5）共同创新：与客户共同创造价值，鼓励客户参与到更新和创新产品的设计和创作中。

4. 核心资源：需要思考企业的价值主张、渠道通路、客户关系需要什么样的核心资源，收入来源在哪里等问题。对于一个企业而言，其核心资源主要有以下四类：

（1）实体资产：包括生产设施、不动产、销售网点和分销网络等。

（2）人力资源：在知识密集型产业和创意产业中，人力资源至关重要。

（3）知识资产：包括品牌、专有知识、专利和版权、合作关系和客户数据库等。

（4）金融资产：金融资源或财务担保，如现金、信贷额度或股票期权池等。

5. 关键业务：需要思考企业的价值主张、渠道通路、客户关系需要哪些关键业务，收入来源在哪里等问题，其主要的业务类型有以下三类：

（1）制造产品：与设计、制造产品有关，是企业商业模式的核心。

（2）平台/网络：网络服务、交易平台、软件等，甚至品牌都可看成平台，与平台管理、服务提供和平台推广有关。

（3）问题解决：为客户提供新的解决方案，包括知识管理和持续培训等业务。

6. 重要伙伴：需要考虑谁是重要的伙伴，谁是重要的供应商，企业正在从伙伴那里获取哪些核心资源，合作伙伴执行哪些关键业务等问题。重要伙伴间的主要合作关系类型可以分为以下几种：

（1）与非竞争者之间的战略联盟关系。

（2）与竞争者之间的战略合作关系。

（3）为开发新业务而构建的合资关系。

（4）可靠的供应商关系。

企业需要明确了解建立合作关系的作用：

（1）降低风险和不确定性：可降低以不确定性为特征的竞争环境的风险。

（2）促进商业模式优化和规模经济的发展：优化的伙伴关系和规模经济的伙伴关系通常会降低成本，而且往往涉及外包或基础设施共享。

（3）获取特定资源和业务：依靠合作企业提供特定资源或执行某些业务活动来扩展自身能力。

7. 成本结构：需要思考商业模式中最重要的固有成本是什么，哪些核心资源花费最多，哪些关键业务花费最多等问题，其最基本的成本结构模式有以下两种：

（1）成本驱动：创造和维持经济的成本结构，采用低价的价值主张、最大程度自动化和广泛外包。

（2）价值驱动：专注于创造价值，增值型的价值主张和高度个性化的服务通常采用价值驱动型商业模式。

8. 收入来源：通常一个企业的收入来源主要有以下七个方面：

（1）资产销售：销售实体产品的所有权所获得的收入。

（2）使用收费：特定的服务收费。

（3）订阅收费：销售重复使用的服务所获得的收入。

（4）租赁收费：暂时性排他使用权的授权所获得的收入。

（5）授权收费：知识产权授权使用所获得的收入。

（6）经济收费：提供中介服务收取佣金。

（7）广告收费：提供广告宣传收取服务费。

9. 价值主张：这是整个商业模式画布中最难定义，也是最为核心和多样化的部分。不同的企业因自身资源、竞争优势的不同，其价值主张可能有很大的差异。其基本的价值主张可以参考以下几个方面：

（1）新颖：产品或服务满足客户从未感受和体验过的全新需求。

（2）性能：改善产品和服务性能是传统意义上创造价值的普遍方法。

（3）定制：以满足个别客户或客户细分群体的特定需求来创造价值。

（4）把事情做好：可通过帮客户把某些事情做好而简单地创造价值。

（5）设计：产品因优秀的设计脱颖而出。

（6）品牌/身份地位：客户可以通过使用某一品牌而获取其所代表的价值。

（7）价格：以更低的价格提供同质化的价值，从而满足价格敏感型客户细分群体的需求。

（8）成本削减：帮助客户削减成本是创造价值的重要方法。

（9）风险抑制：帮助客户抑制风险也可以创造客户价值。

（10）可达性：把产品和服务提供给以前接触不到的客户。

（11）便利性/可用性：使事情更方便或易于使用可以创造可观的价值。

第八章　从组织层看设计管理

设计管理可分为内部设计和外部设计管理。其中，内部设计管理可以进一步细分为不从属任何部门的独立设计部门和从属于某部门的设计人员；外部设计管理则包括了外包管理、内外部设计管理的关系等。

第一节　什么是组织战略

组织战略是组织如何达到目标、完成使命的整体谋划，是提出详细行动计划的基点，凌驾于各种特定计划的细节之上。战略反映了管理者对行动、业绩和环境等各关键要素之间的关系的理解，用以确保目标、愿景和价值的实现。

一、组织战略的内容和特性

组织战略的内容主要包含：组织应该为谁服务、应该设计和生产什么产品和服务、如何使这些产品和服务市场化、企业要覆盖怎样的市场地理范围、希望吸引怎样的客户类型、需要怎样的工作流程、如何管理财务等。组织战略具有全局性、长远性、指导性、竞争性和风险性。其中，竞争性是指组织战略的制订应从宏观上进行合理规划，使之具有良好的经营业绩，克敌制胜，赢得市场。风险性是由于环境的多变性和复杂性以及组织自身条件的变化，使得组织战略具有不确定性因素。

总之，组织战略应立足当前，着眼未来，提高组织总揽全局、把握方向的能力，以便为组织的经营和发展提供有力的保障。

二、组织战略的类型

企业在经营的不同阶段，基于不同的发展目标，可以选择不同的组织战略：

1. 发展型战略：是一种使企业在现有的战略基础水平上向更高一级的目标发展的战略。由于战略定位不同，发展型战略有多种可供选择的增长方案，企业可以根据实际情况进行选择。

2. 稳定型战略：是指限于经营环境和内部条件，企业期望使其经营绩效保持在战略起点的战略。选择这一战略的企业多数对其过去的经营绩效和方法比较满意，所以会继续为顾客提供基本相同的产品和服务。这是一种风险相对较低的战略。

3. 紧缩型战略：是指企业从目前的经营领域和基础水平收缩和撤退，且偏离战略起点较大的一种经营战略。与发展型战略和稳定型战略相比，紧缩性战略是一种消极的发展战略，一般是短期性的过渡战略。

除此之外，组织的总体战略还包括复合型战略、联盟战略、成本领先战略、差异化战略、集中化战略等。

三、整合设计合作

设计联盟是一个泛指的含义，既可以包括企业内部设计资源和其他职能部门的联系，也可以指企业和外部设计资源建立的合作关系。在多数情况下，后者是设计联盟的主要探讨范畴，而前者多被放在企业内部设计团队建设，以及产品研发项目的组织管理议题中讨论。

比设计联盟的含义更进一步的是整合设计合作（Integrated Collaborative Design，简称 ICD），强调合作的执行方法与原则。ICD 主要指的是一种以设计为线索，把组织的各个部分串联起来的方式，其核心是一套应用在经营或是项目活动中的完整原则。当我们应用设计整合各类组织时，需把握好四个关键要素：

1. 确认各个设计任务的内容及其相互之间的关系。

2. 根据各组织所处的位置和专业，分派设计任务。

3. 管理好合作各方之间信息的传递。

4. 创造一个合适的工作环境，以帮助流程顺利进行。这样的环境是由分享价值、文化、工作方式的合作组织网络构建的。

根据以上四个要素，我们可以进一步推导出在设计管理中分别应用的三个 ICD 原则：应用 ICD 到流程管理中，以确定工作任务；应用 ICD 到供应链管理实践中，以分派角色；建立价值模型，以关注解决方案和流程管理。这三个原则的关系如下图所示。

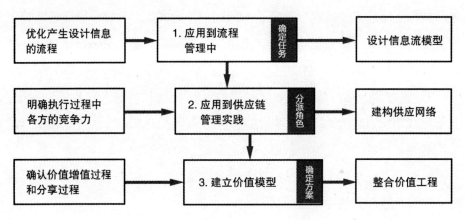

图 8.1　ICD 三原则之间的关系

第二节　设计组织的结构

一、设计组织的结构

(一) 组织的定义

依广义的观点，组织系由两个以上的个体为达成共同的目标而在有意识的合作下持续运作的社会单位。除共同的目的外，组织亦具有下列特点：

1. 某种形式的结构，如部门之间及部门内的分工协作；

2. 统合性活动的过程，即组织的日常运作；

3. 组织内个人职权角色有明显区别与划分，有上下级及专业区分；

4. 领导掌控指导组织中员工的各项活动。

由此可见，组织的组成要素包括目的、结构、活动、成员与职权等，其中，目的是组织成立的首要条件，结构使组织更具凝聚力，而活动则是组织活化的表现，成员是构成组织的基本元素，职权的划分与定位使组织的运作更为顺畅。在企业经营活动中，组织被视为管理工具之一。组织为了实现其经营目的，规定各个构成人员的任务与相互间的关系。企业经营依靠各种人才的通力合作来完成，同时依靠组织的结构与管理来达成其经营目的。

（二）组织结构

组织结构的建构重在分配与运用资源、沟通信息，以及形成决策与执行决策，其存在的目的在于协助推行策略，合理且有效率地分配资源、成员权责，确保组织活动良好协调，理清决策程序，提升组织内信息传达的有效性，确立因应外在环境变化的调节机制，以有效处理危机，对组织活动进行有效的监督与管理。

组织结构根据各公司、各产业等多重影响因素的交互作用而确定，其主要影响因素为：组织沿革、组织规模、组成人员、产品服务、顾客群或市场、组织内部作业流程、技术运用等。

根据组织结构中组织的行为与风格，可以总结出三项要素，以了解组织协调及控制其成员活动的情况：

1. 复杂化程度，即工作任务细分的程度。复杂化程度分为水平分化、垂直分化与空间分化三种形式。水平分化指部门细分程度，即部门的多少；垂直分化指组织层级的深度，即部门层级的多少；而空间分化则指组织在地理上的分散程度，如跨国公司。图8.2为海信集团组织结构图，扁平的部门细分体现了其组织结构在组织功能的水平分化上的复杂化程度。

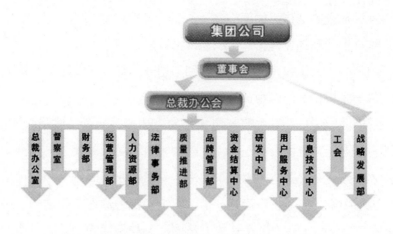

图 8.2 海信集团组织结构图

2. 正式化程度，即指依据相关规定、标准和制度来规范工作行为。正式化程度反映了组织中的工作是否标准化，愈标准化则担任此工作之人愈少有主见，大多依规章行事。

3. 集权化程度，即决策权集中的程度，以集权与分权为两极，反映了组织内决策权分散的情况。

用上述三种组织要素进行组织分析，可大抵了解组织的管理风格与基本结构。

（三）设计组织的基本要素

设计组织作为一种特殊的组织结构，主要有设计人、设计结构、设计目标、设计技术、环境等五个要素。

1. 设计人。设计人是设计组织的细胞，其主要作用包括：一是保持设计结构的再生产；二是追求变化，即创新与改造。设计结构影响着人的行动，而人的行动又建构着设计结构。设计人作为设计组织的基本要素之一，克服各种制约，实现组织及设计活动的合理性。

2. 设计结构。设计结构是指设计组织中设计人的关系模式与规范化。设计结构包含设计价值观、设计规章与角色期待等。设计价值观体现在设计组织的选择性行为上；设计规章是组织成员应遵从的原则，用来规范设计组织的行为；角色期待则是对设计人的行为的期望或评判标准。

3. 设计目标。设计目标即设计所要完成的任务，概念比较宽泛，其所指需根据具体情况而定。设计目标包含对实体设计的采用、设计服务的过程、设计的体现等一切象征目标，对设计组织提升设计能力具有重要的影响力。设计人有设计目标，设计组织亦有设计目标，因此设计目标并不局限于单一个体。

4. 设计技术。狭义的设计技术可以只包含硬件，例如设计人进行设计生产活动的设备、机械和工具等。广义的设计技术除了上述的硬件之外，还包含设计人的技能和知识，甚至与设计相关的其他各种知识和技能。

5. 环境。设计组织存在于特定的文化和社会环境中，没有一个设计组织是可以自给自足的。设计组织受环境的影响，也相应地影响环境。设计组织与环境之间是相互依赖的关系。

二、组织结构的分类

（一）组织结构的基本分类

综合各学者对组织分类的观点，列述如下：

1. 简单型组织：扁平且构造单纯，垂直分化只有两层，复杂化与正式化的程度很低。

2. 功能型组织：将类似及相关的专才集合在同一部门，以发挥专业分工的优点，其部门如行销、研发等。

3. 产品型组织（或服务类）：以产品线作为部门区隔基准，其最大优点为权责分明，产品经理负责所有与产品相关的事宜。

4. 程序类组织（或技术类）：以作业程序或技术为主的结构方式，可促进专业技术的研发和提升，各程序相衔接，形成相互监督的状态。

5. 顾客群组织（或客户类）：以客户为导向，能迅速正确地侦测市场动态，有效掌握顾客需求，提升整体服务品质。

6. 区域类组织：依地理位置分立部门，以便为特定地区提供产品与服务，能充分掌握当地的需求特色，加速决策与反应能力，就近提供完备的产品与服务。

7. 矩阵型组织：属较新的组织结构设计，试图融合功能型结构与产品型结构的优点，发挥各不同部门的专业人才的才能，增进彼此之间的密切配合。

（二）组织结构的不同形态

设计组织的结构由各专业的人员组成，其目的在于将各设计师与产品开发者组成合理高效的团队，任何人员都有可能以一种或数种方式与其他人员产生关联。例如设计师可与不同办公大楼的结构工程师、人因工程师相连，同时以实体位置与相邻办公室负责市场营销规划的人相连。

设计组织的关联性配合可以形成以功能、项目或两者兼具的诸种形式。彼此之间有时会互相重叠，如不同的部门进行着相同的项目，亦有可能一位设计师同时进行数个项目。以功能或项目进行组织联结，能产生两种组织结构形态：一种是功能形态，一种是项目形态。这两种形态又包含功能型组织、项目型组织、轻型项目矩阵组织、重型项目矩阵组织这四类常见的设计组织结构。

1. 功能型组织（图8.3）

功能型组织中每个项目团队的人员与其他团队人员并无强烈的组织关联。例如多数企划人员均向同一位经理负责，经理负责考核与评定他们的薪资，这样的情况同样出现在设计研发部门，这也是一种职能型组织。

2. 项目型组织（图8.3）

项目型组织由数组不同专业的人员组合而成，每个团队只负责一项产品的研发，每个团队都设置一位专案经理，专案经理可挑选其研发项目与人员，并负责项目的进度与研发人员的考核。专案经理之上设资深专案经理，前者向后者汇报业务进度与研发状况。当有某项特殊且重要的开发项目时，有些公司会成立项目小组，运用特定的资源完成这一项目。

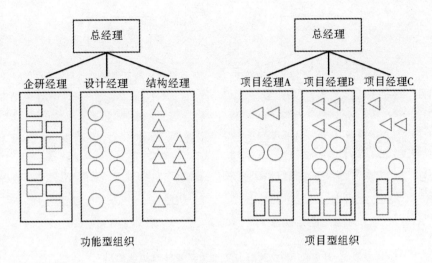

图 8.3　功能型与项目型组织结构图

案例：飞利浦公司

1976 年飞利浦公司总裁克卢格特被指定为光盘产品的领导者，负责组建一个高水平的跨职能工作小组，这个工作小组的成员分别来自市场营销、研究与开发、工程设计、录音以及其他部门，各小组成员领导下一级工作小组，负责重要专案的开发工作。项目型组织在光盘研发过程中发挥了相当大的作用，加强了研发部门与其他部门的联系和交流，产生了较高的合作效益。

3. 轻型项目矩阵组织（图 8.4）

轻型项目矩阵组织与重型项目矩阵组织为矩阵组织的两种变体。轻型项目矩阵组织有较佳的功能性，其项目经理比较像协调者与行政人员，修订进度表，安排会议，沟通协调，并无真正的自主权与控制权。

4. 重型项目矩阵组织（图 8.4）

重型项目矩阵组织有较佳的项目性，项目经理拥有绝对的领导权与决策权力，积极参与研发并严格考核人员的表现。

传统的企业以功能型为最主要的组织结构形态，追求组织效率的发挥，虽发展出了矩阵型组织，但在实务上，矩阵型属最高难度的组织形态之一，

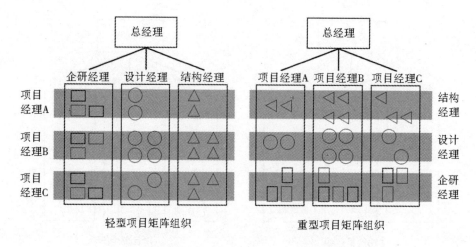

图 8.4 轻型项目与重型项目矩阵组织结构图

其主要困难在于适应错综复杂的市场，恰当地安排资源。目前，企业经营内外部环境变动频繁，在一般正常组织外另设项目组织以应对动态的复杂环境，是项目组织形态出现的主要原因。

（三）选择组织结构

最合适的组织结构选择依赖于那些对成功最为关键的组织绩效因素。功能型组织倾向于培养功能领域中的专门化的资深专家，项目型组织倾向于迅速、有效地协调不同功能部门。矩阵组织作为一个混血儿，兼具上述两种组织的特征和发展的潜力。对下面几个问题的回答，有助于企业选择合适的组织结构：

1. 交叉功能（cross-over）有多么重要？

功能型组织在协调、扩展属于功能领域的大型项目决策上有困难，由于各功能型组织中团队成员与其他团队人员并无强烈的组织关联，因此项目型组织倾向于强大的交叉功能集成。

2. 先进技术与工艺（cutting-edge）的功能专家对于商业的成功有多么重要？

当需要开发和发展几代产品的先进技术和工艺时，就需要与一些领域内专业的功能专家建立联系。例如，在航空航天公司，计算流体力学非常重要，需要把流体力学专家按功能组织起来，以保证公司在此领域有最强的实力。

3. 每种功能领域的个人在项目进行的大部分时间里能够被充分利用吗?

例如,一个项目可能只要求一个工业设计师在部分时间介入该项目。为了有效地利用工业设计资源,企业应按功能组织工业设计师,从而使几个项目能够抽取其所需的恰当数量的工业设计资源。

4. 产品开发速度有多么重要?

项目型组织倾向于使冲突迅速解决,有效地协调不同功能的个人的活动,在传递信息、分派责任和协调任务上花费相对较少的时间。因此,项目型组织在开发创新产品上通常要比功能型组织高效。例如,便携式计算机制造商总是以项目的形式组织他们的产品开发,这使得团队可以在快速发展的计算机市场中,以非常短的时间开发出新产品。

在功能型组织和项目型组织之间进行选择时,还会有许多其他问题。表8.1 总结了每种组织类型的优点和缺点、选择每种策略的企业的例子,及其面临的主要问题等。

表8.1 不同组织结构的特点

	功能型组织	轻型项目矩阵组织	重型项目矩阵组织	项目型组织
强势	促进专业化和技术化的深度开发。	项目的协作和管理清晰地指派给单一的项目经理,保持专业化和专技化的开发。	提供集成和项目型组织的速度优势,提供功能型组织的部分专业化。	可以在项目团队内优化资源分配,迅速地评估技术和权衡市场。
弱势	不同功能群体之间的协作可能是缓慢和官僚的。	比非矩阵组织需要更多的经理和管理者。	比非矩阵组织需要更多的经理和管理者。	个人在保持主要的优势功能上可能有困难。
典型例子	顾客化的开发企业。在该企业中,开发包括对之前标准设计的微小修改(如顾客摩托、轴承、包装)。	传统小汽车、电子和航空企业。	许多最近成功的小汽车项目、电子和航空企业。	创业公司,以取得突破为目的的"老虎团队"和"黄鼠狼团队",在极有活力的市场上竞争的企业。
主要问题	怎样集成不同的功能(如营销和设计),以达到共同的目标。	怎样平衡功能和项目,同时评估项目和功能绩效。		怎样长期保持功能专业化,怎样共享项目的技术。

三、组织活动风格：有机式及机械式组织系统

有机式系统适合于变化及不稳定的环境，其沟通采取水平式或网状式；相对地，机械式具有金字塔式的组织阶层，采用垂直式的沟通模式，其系统适合于稳定的环境。

一般而言，有机式结构的特点包括：

1. 复杂化与正式化的程度较低；
2. 较具弹性与调适能力；
3. 可以通过频繁的沟通去协调各项活动；
4. 信息网络畅通（除了往下沟通外，也允许各种往上沟通及横向沟通）；
5. 决策权允许较多人员参与。

机械式结构的特点是：

1. 高度复杂化（特别是水平分化的程度）；
2. 高度正式化、有限制的信息网络（大多数为往下沟通）；
3. 依赖职权界定明确的层级来协调组织中的各种活动；
4. 很少有低层人员参与决策。

对于完全了解技术性能且属于例行性工作，可充分预测情况，依据规则与标准作业的程序，机械式是较合适的系统，可发挥效率，减少成本，适用于如生产和装配等程序。但当面临高难度技术与技术无法标准化，且情况无法预期、多变与不稳定时，则可采用有机式系统，以鼓励创造力与创新力，加强应变能力。后者虽然具有高成本性，并会造成行政管理上的一些困难，但是可以提供较活跃、具挑战性的工作环境，强化信息的传达能力，适用于新产品开发及广告策划等创意性工作。

综合机械式与有机式组织系统的特点，我们可以建立一个组织风格评估的参考模型，表 8.2 依据组织行政系统（结构、程序、文化）、环境、技术与成员等要素，描述了机械式与有机式的不同特性以及适用时机。

表8.2 机械式与有机式组织系统适合度的特性分析

特 色	机械式	有机式
角色与责任	明确清楚地界定	较具弹性，在运用中变更
协调与控制	监督、依靠既有规定和标准程序 详尽计划 评价频繁	以顾问式参与各项工作 弹性计划 较灵活改变的目标 经长时间后再评价结果
沟通	强调由上而下地沟通 最高经营者为主要的外界接触者	多方向、多层次地与外界沟通
监督与领导	非参与式 因上级压力而产生忠诚 因地位与经验而获得权威	参与式 小组风格，强调工作小组 因专业与知识而获得权威
知识来源	当地、内部	外部、对所有专业人员一视同仁
技术	例行性、标准化	非例行性，是面对不同问题的设计
工作环境	可预期 (简单、改变可预期)	不可预期 (复杂、改变迅速)
个人期望	高度的组织结构与例行工作 由上层决定	高度的角色弹性 挑战性工作
效能评估	高效、成本低	较具创造性
强调	标准 可预期的作业结果 上层容易控制	创新 可按实际情况灵活调整目标 重视品质化的工作与生活 发展人力资源
适用于	依规则和标准作业的程度，如生产、装配等	新产品开发及广告策划等创意类工作

　　机械式与有机式风格在组织内具有相互消长的特性。但是机械式无法面临三种情况的挑战，在这三种状况下，相较而言，有机式组织更适合：

　　1. 面临问题需快速回应，以及常面临重大威胁与机会时；

　　2. 处理的工作集中于创新领域，属于非例行性工作时；

　　3. 迎合雇员创造性与挑战性的工作期望时。

还有相当多学者对机械式和有机式组织结构、技术与市场及设计程序等相关议题进行研究，发现技术与市场的变化性越大，则组织结构的正式性越低；技术的改变越大，则内部技术与角色配合的弹性越大。英国设计协会明确指出，有机式结构较适合于创新程序中初期的创造阶段，有利于激发创意，而在后期的生产、行销与服务等阶段则适于采用机械式结构。其原因在于，有机式的组织结构具有弹性，成员之间互动良好，易产生创意；而机械式组织结构则具有成本低与效率高的优势，但其运作方式容易扼杀创意。

与机械式结构相比较，有机式结构较适于产品的设计，主要因为后者具有以下特点：

1. 每一个人贡献特殊智慧与才能，根据情况的改变，任务也不断变化；

2. 无阶层存在，处理问题时完全由小组掌控局面，而无需向上一阶层汇报；

3. 弹性化，工作不固定，工作内容无精确的界定；

4. 依据共同目标加以控制工作内容与流程，而非经由已有的规定来控制；

5. 充分运用组织内部的专门技术与知识；

6. 沟通所有的信息与建议，而非指导与决定。

负责设计组织结构的管理者在既有组织内推行有机式系统并非易事，尤其是在公司内部组织已定型时更为困难。

第三节　企业的设计管理

一、内部设计

为了有效地组织设计活动，通常一个企业有三个选择：（1）聘用自己的设计师；（2）购买外部的设计服务；（3）结合运用前面两种方式。依据一项针对 11 个法国企业内部设计部门的深入研究，一个企业建立内部设计部门的原因主要有两个：（1）内部设计部门能够帮助增强企业的竞争力，尤其是在销售业绩落后或是公司形象遭到毁坏的时候，其效果尤为明显；（2）企业的经营者把设计作为一种文化属性来考虑和发展。企业可以在内部设置专门的设计部门，完成其设计工作，也可以分散在研发、生产和市场等部门。除了全职的设计人员，其他诸如技术总监等也可以被计算为额外的设计资源。

当企业的设计力完全依赖于外部的公司时，需选择外部的专业设计公司来完成相应的设计任务。此时，企业的设计经理（或者是实际负责设计的人员）的主要职责在于寻求外部资源、分派工作、沟通协调双方合作、评估设计能力等。

当设计力由企业内部和外部的团队共同承担时，引入外部设计的专业服务是为了带来额外的资源，确保项目可以按时完成，也可以带来新颖的想法或是提供特殊的专业技术知识。

这三种类型的企业设计组织形式在发展设计力方面具有不同的优劣势（见表8.3）。

表8.3 三种设计组织形式的优劣势

	优势	劣势
内部设计管理	设计师熟悉企业的市场与资源 成本效率高	设计师容易变得自满 难以提出创新的想法
外部设计管理	新鲜的想法 不会受到企业文化的束缚 缓解工作量 获得外部专家资源 容易放弃不成功的项目	由于不熟悉公司的运作，有可能发生设计偏差 缺少合适的知识 解决短期问题 设计过程中具有过多的评价环节
混合型设计管理	较具灵活性	设计团队的复杂度增加

在建立一个内部设计部门之前，企业应该谨慎地规划其设计资源，以满足自己制定的发展目标。在这一过程中有许多因素需要考虑，包括设计部门所需的员工总数、进一步细分的员工小组数量、顾问的数量、自由设计师或

是合约制员工的数量，及其在发展商业计划方面应具有怎样的新技能。内部设计部门在企业内所处的位置也有许多可选择的方案，如在市场部门内部、以技术为主导的部门内部、独立的设计部门，或者兼具其中的两者，甚至还可以考虑完全不需要任何专职的设计师。

尽管设计被视作管理结构内的一个独立职能，但仍需要和其他职能进行协调。在一个企业内部，其他职能部门对设计的态度实际上构成了设计职能承担者的工作环境。而设计与其工作环境的关系也是设计管理的重要内容之一。正如国外一项研究所揭示的，高质量的工作环境能够提升设计的价值。

设计是否能被合理、有效地使用，在很大程度上依赖于企业对设计的态度，以及设计政策的制定。企业对设计的规范能够帮助每个人在不同的层面了解设计的执行和运作。这些规范化的活动通常以设计政策、流程的形式存在，有助于把设计整合到企业的长期发展目标和日常决策中。

有效地沟通是企业成功的一个重要因素，在一个企业里，设计沟通包含了不同类型和层面的内容，如内外部设计网络的沟通、设计师和市场人员的沟通、利益关系人之间的沟通，以及公司各个层面的人员之间的沟通。

二、外部设计组织：设计外包

设计外包涉及多个议题，如外包管理、选择外部设计的原因、外包成功与失败的原因、内外部设计的关系管理等。将设计外部化是设计管理发展的一个新方向，这也是通过设计管理建立企业竞争优势的一项有价值的议题。在实践中，聘用顾问设计师往往能够有效地刺激企业内部设计师提升的自身专业能力。

（一）设计外包的原因

一项针对英国制造型企业的调研结果显示，英国企业聘用顾问设计师的主要原因在于企业内部缺少设计技术人员、为了获取更广泛的设计视角或是避免内部设计变得沉闷、为了提高设计的速度、为了寻求专家、为了节约成本，以及其他一些原因。从 20 世纪 90 年代开始，外包便呈上升趋势，导致这一趋势出现的原因有很多：（1）产品的复杂程度增加，且要求更短的研发周期，需要拥有不同资源和背景的人员跨领域合作；（2）设计专业人士已经开始被服务型组织聘用，这也使依赖内部设计的传统实践方式开始转向购买设计专家的服务；（3）随着虚拟组织、网络组织或是附加值组织的发展，企业可以利用设计供应商形成的网络来完成增加附加值的工作。

外包设计的主要优势在于节约成本，企业可以根据设计任务的具体情况自由地选择合适的设计团队，并且还能保证源源不断地获得新颖的创意。外部设计也具有总体战略上的优势，主要表现在节约时间成本、增加产品的坚固性以及可靠性、完善产品的系统特性、控制制作成本和优化利用资源。

尽管聘用顾问设计师刺激了企业内部设计力的发展，但是聘用他们也存在弊端，主要表现在两个方面：（1）外部设计师对于企业和企业文化往往缺乏了解，这不但会直接影响最终设计成果的有效性和连续性，也会在设计过程中出现沟通障碍。（2）因为是企业外部的资源，企业对于外部设计师的控制力较弱，且外部设计的费用也比较高。最终，许多企业更倾向于把内部设计和外部设计结合起来应用。外部设计可以被用来完成更加需要创新的设计工作，而内部设计则可以侧重于设计执行或是设计改动等工作。

（二）外部设计的选择

选择外部设计供应商需要考虑诸多元素，包括其设计能力能否满足设计项目的需求、是否匹配工作间的技术、是否对目标市场和消费者具有较强的洞察能力、是否了解项目的相关技术，以及信任度和控制度如何，等等。在小规模的企业里，企业在内部聘用高素质的设计人员并不是一个经济的选择，而和一个固定的外部顾问设计师保持长期稳定的合作往往更加合适。

（三）内外部设计的关系

企业内部设计和外部设计的关系在不同的项目、企业和产品类别中也有所差异。一些企业和顾问设计师发展了一种独特的关系，即根据设计项目的不同需求，轮流选择不同的顾问设计师。另一些企业则根据项目所需的设计角色和时机来选择外部设计，但这也存在一定的风险，除非建立了系统的选择政策。然而，不论是在哪种情形下，这样的关系都需要被小心地管理，以确保他们能够真正一起努力工作，而不会暴露商业敏感信息，在合作中双方也应尤其注意建立开放互信的关系。

三、设计师

研究表明，一个企业长期雇佣设计师往往有四个原因：（1）工作总量大；（2）产品复杂度较高；（3）管理的需要；（4）来自外部伙伴的压力。内部设计师在不同的组织结构以及企业的不同发展阶段，可以以不同的身份和角色存在。内部设计部门可以是研发部门的一部分，也可以是产品部门的一部分，或是和市场及销售部门密切联系，甚至有可能直接由总经理管辖，抑或是由客户成立的跨职能的小组。

沉默设计（Silent Design）是设计管理的一个独特现象，它基于小范围的样本测试，安哥拉·大仲马（Angela Dumas）和艾伦·惠特菲尔德（Allan Whitfield）在1990年就提出了"沉默设计"的概念。沉默设计指的是企业里的许多人（尤其是许多经理）实际参与了设计的过程与活动，但他们并不是专业的设计师。而且，他们往往没有意识到自己在从事与设计有关的活动，即使意识到了这一点，也不需要去承认或是认同其设计师角色的活动。事实上，设计师和管理者在各个方面都有显著的区别。

对于企业内部的设计师管理而言，另一个主要议题是设计师的知识累计和技能培养，而这又与设计师的知识结构和类别密切相关。

设计师酬劳的支付方式是设计师管理中的另一个重点内容，总体而言，给设计师支付报酬的方式主要有以下五种：

1. 一次性支付；
2. 佣金系统：一般按照产品售价的1%—5%付费给设计师；
3. 按照生产成本的一定比例支付；
4. 按小时收费；
5. 基本报酬。

表 8.4 设计师和管理者的区别

特征	管理者	设计师
目标	长期收益 生存 成长 组织的持久性	短期的产品/服务品质 改革 声望 职业的发展
焦点	人 系统	事 环境
教育	会计 工程 语言 数字	工艺 艺术 视觉 几何
思维方式	系统论 线性 解析 问题导向	整体论 水平 综合 路径指导
行为	悲观主义 适应	乐观主义 创新
文化	一致性 谨慎	多样化 实验主义

四、设计经理

在一个企业的设计管理中，设计经理往往扮演了重要的角色。他们负责发现新产品的需求、寻找合适的设计师或设计团队、寻求其他能够在设计方面有所帮助的专家、建立一个各方面都能够有效沟通的网络。他们在一个项目的流程中也负责与各个职能团队沟通和协调，从前期设计概念的提出到模型、生产线的建构，再到最后产品上市前的包装设计、印刷事项的准备和完成等，都要参与。面对不断变化的未来，设计经理的职责也在改变，需要具备多个专业的能力与知识。因为他们不仅仅需要和财务、市场等部门沟通，更需要知道如何管理人和品牌，当然，更要知道如何更好地管理设计。

表 8.5　设计经理需要面对的项目中的冲突力量

项目的截止日期	质量
进展	控制
实用	创意
封闭性	发现
预算控制	独特的设计
经济利益	文化利益
功能	审美
技术	造型
法律许可的方案	创新的解决方案
执行	战略
旧有的成熟经验	创新的材料与方式

设计经理所要完成的任务和拥有的技巧包括：

1. 选择和测试设计专家；

2. 准备设计概要；

3. 评估设计工作；

4. 具备项目管理技巧。

第四节　有效管理设计团队

一、设计团队的类别

设计团队的类别与不同项目的组织形式以及企业类型密切相关。从与项目的组织形式相结合的角度看，设计团队可以划分为功能型、轻重量型、重重量型、自主型；从企业创新程度与管理方式的角度看，设计团队可以分为突破型、平台型、派生型、增强型。

除了按照流程阶段或功能来划分设计组织类别以外，也可依据设计项目建立团队，这样的管理方式有其特殊的优势，主要表现在：

1. 有效解决传统管理中层级制结构的缺点；

2. 决策是分散的，也会更快些；

3. 上一层级信息超载的情况可以得到缓解；

4. 更有可能通过团队产生优于个人决断的高质量决策。

有效的团队组织和管理是保证团队工作成功的关键，这其中涉及领导力、团队组成、团队沟通等多方面因素，具体表现在以下几个方面：

1. 清晰的任务和目标；

2. 有效的团队领导力；

3. 团队角色和个人行为模式的优化平衡；

4. 有效的冲突解决机制；

5. 与外部组织的持续联系。

二、创新团队 （Innovation Teams）

创新团队和网络是一个企业组织创造和认可新想法的关键资源。为了保证其工作产生具有创新性的成果，必须具备以下条件：

1. 自主性

团队应该被给予充分的空间和自由度去探讨新的想法，而不受现有企业组织结构的束缚。一些组织会成立高度自治的团队来进行创新工作。它们之间相互独立，成员包括组织内部对各个相关领域具有不同广度和深度了解的专业人士，并通过轮岗加深对企业经营的理解，成为新项目的支持力量。

2. 为任务的完成配置最好的成员

多种专业背景的团队是很难管理的，但是他们对于产生新的创意是至关重要的。这既需要聘用一些特殊的人才，也需要让团队有机会与整个组织一起工作，以产生新的想法。

3. 和企业的价值网络相连

客户、供应商、用户组成的学习网络能够产生比现有组织更好的创意，激发出无限的灵感，而新产品也可以成为催生新想法的温床。

4. 回报

尽管工作是需要自主性的，但是使成员获得应有的回报也是十分必要的，这能够鼓励团队成员在事情进展并不顺利的情况下仍然专心工作，它既是物质性的，也是精神性的。

5. 可度量

明确团队建设的要素与标准。团队建设应以能够更广泛地融合各种不同专业知识和技能为基础。在项目的执行过程中，应制定衡量团队创新活动是否成功的标准，如完成项目的周期、阶段性成果、最终的成果等，以此作为有形的衡量依据，因为创新并不是一种无形的艺术。

6. 资助

资助可为创新思想提供成长的自由环境。资助者在事情发展并不顺利的时候应鼓励、指导和支持团队，也要确保所选定的创意能够符合制造和执行的要求。也许团队并不知道最终的产出具体是什么，但他们会有一个大致的预判。

案例：小米设计团队（2013 年，互联网产品大会，黎万强，小米科技）

我们明确了设计战略目标，坚定了死磕的意志，接下来很关键的就是学会解放团队，激活更大的生产力，提供设计管理的组织保障。其核心是让员工热爱我们的产品。当我们作为决策管理者的时候，我们要学会将心比心，换位思考。小米是由一群发烧友做起来的，不必怀疑他们对产品原生的爱，而公司要做的就是保护并进一步激发他们的热情。在这个话题里，我们回避不了向海底捞学习。我们希望员工对顾客的服务热情是发自内心的，海底捞就首先做到了高度关怀自己的员工。在这之后，我们要做的是设立一套更合理的机制，让爱产品的能量有效率地推动设计工作。

从抱怨中，我们能发现问题，找到解决方法。最常见的抱怨是"我们产品经理和设计师协作的效率很低"。我觉得这个背后是很多公司没有真正意识到的很多互联网开发项目的速度发生着"从年到天"的变化。面对开发项目的迭代加速，要进行配套的项目组建设，最有效的方法就是打破公司内部的层级，把它全部拆成碎片。

小米目前总共有100人左右的设计师团队，但不再是大的设计中心这样的整体架构，已经分到若干项目中去了。而且在全面的项目化结构中，没有复杂的任命，大家不必操心什么时候升主管，什么时候升经理。他们直接跟产品经理和设计师组队，充分灵活地发挥小团队的效率。

这种做法背后的行业趋势其实已经被不少人重视了。在同一总体设计品牌战略下，不同的产品、不同的设计应用场景，对于设计风格、表达方式和传达渠道的需求自然都不一样，这就是大家看到的"元素集中、表达离散"的趋势。同时，设计师和产品经理的身份也开始有更多的融合趋势，小团队模式显然更能适应这些变化。此外，比较常见的抱怨还有项目组建的时候，有时候会发现这个设计师的水平很高，按时设计出来的东西却总是不对点，华而不实。

这个问题的关键是不懂用户，因而没有设计。所以，在小米内部我们要求所有员工都去泡论坛、发微博。不断跟用户交流、倾听用户的声音，让用户参与产品、营销的设计，是小米商业模式的底层基础。

雷总在内部讲，忘掉KPI（企业关键绩效指标，Key Performance Indicator 的缩写），我们没有KPI，而是采用由用户反馈驱动的开发管理方式和高速响应的开发机制。比如我们MIUI的开发。MIUI的设计师、工程师全部泡论坛，我们每周快速根据用户的意见来迭代，到今天已经超过150周了。甚至我们的内部奖励，不是老板今天心情不错，然后说你做得好，而是全部以用户觉得设计合理的标准选出来的。而且，这种力量是循环互动的，当你很认真地对待用户的时候，用户也会用心对待你。我们收到过很多米粉赠送的礼物。最震撼的是一位粉丝用一粒一粒真实的小米粘成的一个小米机模，对这样的用心，我们感激不尽。雷总和小米全员都各自有不少米粉朋友，我们都经常和米粉互动沟通，听他们的建议，帮他们解决各类问题。唯有如此，我们才会一直以深沉的爱去面对用户，像对待我们自己的孩子一样对待我们的产品。如此你就能理解，为什么在第一台小米工程机接通第一个电话时，雷总会情不自禁地弯下腰，贴到桌上去听第一声铃响。

三、团队的组成

就一个团队而言，它需要容纳各种人才，使其扮演各种角色，以下为几种人才考量标准。

（一）角色扮演

一个完美的团队所拥有的角色可以按照四个基本要素划分为八类：主席、企业工人、团队工人、完成者、协调评估者、资源调查员、厂长、造型设计者。而划分这八类角色的四个要素为：智力、支配力、外向性/内向性、稳定/焦虑。

（二）迈尔斯·布里格斯类型指标（Myers Briggs Type Indicator，简称 MBTI）

MBTI 包含了四个个人层面的参数：

1. 外向型对比内向型（Extroverts versus introverts，E vs. I）；

2. 感知型对比直觉型（Sensor versus intuitive，S vs. N）；

3. 思考者对比感觉者（Thinkers versus feelers，T vs. F）；

4. 判断者对比感官者（Judgers versus perceivers，J vs. P）。

前面三个参数描述的是一个人对于生活的态度，最后一个是一个人对于外部世界的认识。根据这四对参数，可以将人划分成 16 种类型。

（三）C.A.R.E 人物分析（C.A.R.E. Profile）

按照个人的思考与行为能力，可以将其分为四种：

1. 创造者：喜欢构思新想法、重新解构问题、找寻其他可能的解决途径，擅长把大的图景视觉化并着眼于未来。

2. 领先者：比其他人更早地认识到新的发展方向并能够深入下去；当思考正在执行的问题时更倾向于依赖过去的经验，在现有的框架和期望下工作。

3. 精炼者：喜欢挑战概念并在开始行动前了解清楚因果关系，喜欢有秩序的执行策略，讲求工作方法。

4. 执行者：关注高品质并确保执行过程能够顺畅进行，更愿意验证新的事物并且关注细节。

（四）柯顿适应-创新目录（Kirton Adaption-Innovaion Inventory，简称 KAI）

依据三个衡量指标对适应者和创新者进行划分，即原创性、关注细节、规模化整合。

（五）创新潜力指标（Innovation Potential Indicator，简称 IPI）

IPI 关注的是促进或阻碍新产品研发流程的主要行为，是基于创新潜力而建立的指标，提供了一个制约或是实现创新的行为框架。这些行为由四个尺度来共同衡量：

1. 改变的动力（Motivation to Change，简称 MTC）：一个人是否对频繁的改变持开放的态度，并且愿意用新的方法解决工作上的问题。

2. 挑战行为（Challenging Behavior，简称 CB）：一个人捍卫创新或是保持现状的程度。

3. 工作模式的一致性（Consistency of Work Styles，简称 CWS）：一个人是否期望相同或类似的工作方式。

4. 适应性（Adaptation，简称 AD）：一个人愿意尝试不同的工作方法的程度。

IPI 应用的范围：

1. 为招聘员工或是职业咨询提供更加准确的参考意见；

2. 明确个人和团队需要着重发展的部分；

3. 在各个层面巩固、发展团队；

4. 促进团队的变化与管理。

（六）逆境反应评量表（The Adversity Index，简称 AQ）

心理学家史托兹博士（Dr. Paul Stoltz）建立的逆境反应评量表可以用

来衡量人们对于逆境的无意识反应模式，帮助个人改变逆境，发展其工作能力。AQ 的评核主要从以下四个方面（CORE）展开：

1. 控制 C = Control

在什么程度上你能够影响事态？

你认为自己有多大的控制力？

拥有高 AQ 的人认为他们比低 AQ 的人对于逆境有更强的控制力和影响力。即使整个状况已经完全失控了，这些高 AQ 的人仍能够找到一些他们能够产生影响力的方面。而低 AQ 的人一旦认为他们没有或是只有很少的控制力，就会放弃。

2. 所有权 O = Ownership

你认为自己在改善这一状况上应负多大的责任？

在多大程度上自己应该扮演使现状变得更好的角色？

责任是行动的支柱。那些拥有高 AQ 的人认为他们对于处理现状负有责任而不究其原因。而那些拥有低 AQ 的人经常推卸责任，并会感到无助和受伤害。

3. 范围 R = Reach

这一状况在你的生活和工作中会辐射多大的范围？

在怎样的情形下逆境会超出现有的影响范围？

对于问题的解决而言，把辐射的范围，尤其是逆境的范围控制在有限的区域内是非常重要的。那些具有高 AQ 的人能够把挑战和问题留给自己，而不会使其影响到其他人的工作与生活。而那些具有低 AQ 的人则常常把自己碰到的逆境与问题传递给他人或是不相关的领域，从而造成毁灭性的影响。

4. 忍耐力 E = Endurance

对于逆境能够忍耐多久？

即使面对巨大的困境也能够着眼于未来，这是保持希望的重要技能。对于具有高 AQ 的人而言，他们往往可以把无止境的困难视作过去时而始终保持希望与乐观。对于低 AQ 的人而言，困境即使不是永久性的，也是拖延着而难以结束的。

第五节 做好的设计

一、什么是好的设计？

我们经常会听到有学生或是初为设计师的朋友问："究竟什么是好的设计？"好的设计似乎是我们一直追求的目标，但具有设计实践经验的设计师都知道，绝对的好设计是没有的，因为不存在绝对的"好设计"的标准。

有关好设计的讨论，我们不妨参考一下国际知名的设计奖项是如何定义它的。在这里我们选择了四个最具国际代表性的奖项，分别是德国汉诺威工业设计大奖（iF Design Award）、红点工业设计大奖（Red Dot Design Award）、美国消费市场工业设计奖（Industrial Design Excellence Award）、日本优良设计奖（Good Design Award）。其中，汉诺威工业设计大奖和红点工业设计大奖被人们尊称为工业设计的"奥斯卡"，任何产品只要获得两者中的任何一项，都被认为是设计卓越的传世之作。

（一）德国汉诺威工业设计大奖（iF Design Award，简称 iF）

iF 大奖于 1953 年设立于德国著名城市汉诺威，每年召开一次，评奖范围涵盖 IT、交通、公共设计等领域，被公认为全球设计行业最权威的设计奖项之一。该奖以振兴工业设计为目的，提倡设计创新理念，其获奖产品成为极具影响力的产品。

iF 把焦点投射到厂商的身上，希望促进工业与设计界之间的对话，使两者的价值能互动交融。iF 奖项的评定延续了德国包豪斯学院的"形式追寻功能"的传统，注重产品整体品质与价值之间的平衡，除了功能性、便利性、创新度外，其生产品质与造型美感也需有一定的水准。同时，iF 设计奖更重视某一产品的设计能否为产业指出未来的发展趋势。

对于企业及设计公司而言，获得 iF 设计奖意味着对其产品及服务品质的极大肯定。而 iF 奖在消费者心目中，则是帮助他们在众多产品中选择一款产品的重要元素，因为 iF 象征着一家企业对创新的承诺以及面对竞争的决心。iF 举办的设计竞赛共有五大类别，每种竞赛各自独立。其中涉及产品设计类的奖项有 iF 产品设计奖（iF Product Design Award）、iF 概念产品奖（iF Concept Product Award，只针对学生）、iF 中国设计奖（iF Design Award China），其关注重点分别为产品设计、学生的概念性产品设计和亚太地区的产品设计，借此我们可以了解不同领域对于好设计的定义。先分别看一下这三类竞赛的评审标准（表8.6）。

表8.6　iF 奖三类竞赛的评审标准

iF Product Design Award（1953）成为卓越设计及品质的象征及设计界的指针型竞赛	iF Design Award China（2003）特别为所有活跃于亚太地区市场的制造商而创立	iF Concept Award Product（2002）发掘优秀的年轻设计师
• 设计品质 • 做工 • 材质的选择 • 创新的程度 • 环保性 • 功能性 • 人体工学 • 操作方式可视化 • 安全性 • 品牌价值、品牌塑造 • 通用设计	• 设计品质 • 做工 • 材质的选择 • 创新的程度 • 环保性 • 功能性 • 人体工学 • 操作方式可视化 • 安全性 • 品牌价值、品牌塑造 • 技术与形式的独立性	• 设计：综合考虑功能、材质的选择、人体工学、用户界面、操作方式可视化、审美、生态 • 技术：基于功能合理性的考虑 • 创新与概念 • 前期分析 • 操作与成本的可行性

从表8.6中可以看出，iF 产品设计奖和 iF 中国设计奖的评审原则并无大的出入，只有最后一条有所区别，可以理解为针对不同的经济和设计发展阶段的大背景所做出的调整。针对学生的 iF 概念产品设计部分，强调的是各方面因素的综合考虑，以及概念的完善性，而在具体的产品使用性、功能性等商业化部分的要求则相对较低。

(二) 红点工业设计大奖 (The Reddot Award)

The Reddot Award 俗称德国"红点"奖，于 1955 年设立，是最重要的国际性工业设计竞赛之一。红点奖以设计师协会为主体，主要对近两年内产品设计的创新性、功能、质量、工程学原理、耐用性等十项指标做出评定，获奖作品列入位于德国第六大城市埃森的红点设计博物馆。

红点奖的奖项分为三类，分别是产品设计、传达设计和设计概念。其中，产品设计部分的评审标准为以下几条：

1. 创新的程度；

2. 实用性；

3. 造型品质；

4. 人体工学；

5. 耐久性；

6. 情感及象征意义；

7. 产品周边系统整合；

8. 可自我说明的功能品质；

9. 生态兼容性。

(三) 美国消费市场工业设计奖 (Industrial Design Excellence Award，简称 IDEA)

IDEA 由美国《商业周刊》杂志和工业设计协会联合主办。作为世界四大工业设计奖项之一，IDEA 旨在提高商家及公众对于工业设计的认识，提高人们的生活品位，展示美国及世界其他各国工业设计的优秀作品。

与 iF 和红点奖一样，IDEA 也设有专门针对学生和概念设计的奖项，但其他主要奖项的设置则更为细致，涵盖了设计服务的所有商业领域，包括商业及工业产品、计算机设备、消费类产品、设计战略、生态设计、环境、家具、交互设计、医疗科学产品、包装与平面、交通工具等。其评审原则中，与产品设计相关的条款如下：

1. 创新性：设计的新颖与独特性。

2. 审美：外形如何提升产品。

3. 使用者：设计如何令使用者受益。

4. 环境：项目所承担的环境责任。

5. 商业：设计如何改善了客户的经营。

6. 设计研究：怎么确定设计解决了问题。

（四）日本优良设计大奖（Good Design Award，简称 G-Mark）

每年一度的日本 G-Mark 是世界设计领域的最高奖项之一，在国际上负有盛名。该奖的评选范围涉及建筑、家电、交通等行业。日本政府颁发该奖，对获奖产品授予国际最高设计荣誉，并授予 G-Mark 标志的使用资格。获得该奖项的产品意味着拥有卓越的设计，因为只有在设计、质量、美观、性能、安全、独特性、使用的方便性、人体工学、性价比等多个领域表现卓越的产品，才能通过多国评委的苛刻眼光。

G-Mark 拥有 58 年的历史，最初是由日本工业设计促进协会针对优良设计产品所颁发的奖项，目的是鼓励制造商不断创新设计，并向广大消费者推荐最优秀的消费品。后来，G-Mark 奖逐渐发展为国际性的重要工业设计奖项，成为"魅力设计""高贵品质"和"高稳定性"的代名词。和前述三个设计大奖不同的是，G-Mark 是唯一一个来自亚洲国家的奖项，其评审的标准也和前述三个大奖有很大不同：它设置了三个部分的评审条款，所有获奖产品必须满足第一部分的基本条款；此外，还必须满足第二、三部分中的一个，后两个部分的评审条件分别从设计、使用者、产业与社会的层次加以细化。

1. 是否是好的设计？

（1）出众的审美

（2）注重安全性

（3）真诚的

（4）符合使用环境

（5）具原创性

（6）符合消费者需求

（7）高性价比

（8）高性能表现

（9）对用户友好

（10）具有吸引力

2．是否是出众的设计？

（1）设计

1）设计概念出众；

2）流程或管理出众；

3）表达形式新颖且令人激动；

4）在所有感官方面均表现出众。

（2）使用者

1）展示了解决使用者问题的高水平；

2）把通用性设计原则纳入实际使用中；

3）代表了新的行为和模式；

4）用简易的方式传达了多样化和高功能性；

5）考虑到了使用的持续、改进和传播等因素。

（3）产业

1）熟练运用新技术与新材料；

2）通过创意系统提供解决方案；

3）利用了高技术；

4）代表了新的生产方式；

5）包含了新的销售与供应方式；

6）在区域产业的发展中扮演重要角色。

（4）社会

1）代表了人们新的沟通模式；

2）使用寿命长；

3）在实践中遵循了生态设计的原则；

4）增进了环境的和谐；

3. 是否是为未来带来新突破的设计？

（1）设计

1）发现了位于时代前沿的表达方式；

2）将导致下一代全球化标准的产生；

3）对于形成可识别的典型风格起到引导作用。

（2）使用者

1）鼓励消费者的创造性；

2）为下一代创造新的生活方式。

（3）产业

1）促进新技术的产生；

2）导致技术人性化；

3）促进新工业和商业的产生。

（4）社会

1）提升社会和文化价值；

2）加大社会福利；

3）为实现社会的可持续性发展做贡献。

设计本身就是连接技术、市场和消费者的行业，把技术转化为能够为生活服务的产品。由于设计跨越了各个领域，因此关于"好设计"的标准也来自各个方面，它们从各自立场上提出了不同的评价体系。因此，整个社会并没有达成一致的"好设计"标准。

另一方面，由于设计本身就是为我们的生活服务的，每一个消费者都可以根据自己的使用需求、审美能力对产品的设计提出看法，也有权利对设计进行评价。全民参与的设计评价工作自然是无法用一个标准衡量的。因而我们说，绝对的"好设计"是不存在的，但是"Right Design"却是可以达到的。

二、只有 Right Design，没有好设计

"Right Design" 即合适的设计或是恰当的设计。它其实是一个相对的概念，是在一定条件下的好设计。通常可以理解为，就某一设计项目而言，其设计的结果、最终上市的产品若符合预期的开发目的和市场需求，就能被称为 "Right Design"。参与设计任务的人员应以其专业的知识客观地理解并串联起工作所涉及的诸多信息，并进行有效的沟通和执行，最终做出 Right Design。

为了保证产品能够成功地上市，设计管理中应注意一些基本的工作原则，以保证高效的执行力：

1. 避免因内部执行力的问题而造成产品设计无法完成和上市；

2. 避免因为沟通的问题而造成设计无法完成；

3. 通过产品企研的工作增加设计师对项目的理解和分析，提高设计沟通力；

4. 制订完善有效的设计策略，保障设计执行力。

一个设计项目的完成，主要依赖于设计沟通力和设计执行力。设计沟通力包含了设计内部的沟通和设计外部的沟通。设计内部的沟通是指与设计有关的资讯和知识在设计职能单位之间的传递和交换；设计外部沟通是指设计执行单位与设计委托单位、上下游非设计专业的执行单位之间的沟通。就专业技术范围而言，设计沟通可以分为专业化沟通和非专业化沟通。专业化沟通指相关专业范畴的沟通，沟通的内容是各设计阶段的专业知识与信息；非专业化沟通指的是专业沟通以外的信息交流，通常是基础性的沟通和商务沟通。

专业化的沟通通常是以整体策略的方式，由设计执行的各职能部门的领导与企业项目委托方进行沟通，也包括各职能部门的领导之间的沟通。由于按照常规的设计流程，设计定案后的执行属于跟踪执行的范畴，沟通的问题较少，因此我们应侧重于关注设计前期和中期的沟通。在设计前期和中期的

专业化沟通中，本书引入了产品企划的观念，认为产品企划参与并主导了这两个阶段的沟通过程。以产品企划为主导的沟通，虽然不少设计著作也有提到，但并未对其具体职责和实施方式做详细介绍。笔者通过对各类不同设计管理组织模式的实践成果进行研究，发现以产品企划为主导的设计沟通最为有效。

第九章　从执行层看设计管理

第一节　执行层包含的概念

一、设计规划

（一）获取资源的方法

英国的一项研究表明，在成功的企业里，能为产品规划和设计提供信息的来源往往是多样而丰富的，包括消费者的反馈、服务报告、贸易展、技术文献、市场调研、相关产业发展研究、竞争者的产品、用户小组，以及由工程师、市场人员、消费者和用户共同开设的工作坊等。研究进一步发现，这类企业往往善于运用多样化的方法获取相关资源。相反，比较不成熟的企业往往依赖于有限的资源获取手段，如仅仅是高级管理层对于市场的感觉、销售及市场数据的分析，抑或依靠销售团队的反馈信息。

市场研究是展开设计规划的一个主要方法，有多种具体途径。传统的市场研究方法主要有两种：定量或定性。定量指的是通过邮件、电话或调研问卷，在家庭里、办公室，或是在街上进行调研，近期还出现了依靠互联网的调研问卷。定性的方式通常是指那些通过面谈、小组访谈和观察所展开的市场研究。

（二）拟定设计概要

设计概要需要涵盖各方面的内容，包括目标、内容、重要性、与设计管理的关系等。一个设计概要往往具有多重目标，用来定义项目并且用来和不同部门进行沟通。除此之外，设计概要的另一目的是传达有关竞争者的信息。更进一步地说，设计概要包含四层内容：它是一个书写下来的合约，是一个路线图，是一个商业计划，是一个跟踪项目的工具。设计概要也被视作问题的陈述工具和检查表。从另一方面而言，设计概要的简单或复杂程度不仅代表了一个企业的设计意识，也展现了其设计管理的发展程度。

二、设计质量

质量的议题包括质量的评估和质量管理。质量的定义还可以被拓展为如何使产品更好地符合制造所需要的产品规格、大批量生产的环境，以保证持续有效地生产。质量也与消费者所需要的产品或服务的特性有关。在这一方面，设计的角色是帮助人们把这些特性翻译成现实的需求。

三、设计评估

（一）设计评估的概念

在很多情况下，评估可以帮助不同单位之间形成战略联盟、发展更深层次的沟通，并了解互补的竞争力。就设计评估而言，其目的在于建议和指导战略性的规划，改进产品设计的总体标准，调控执行政策等。

根据不同的指标，设计评估可以划分为不同的类型。就内容和议题而言，可以分为四个层次：环境、企业文化、设计与设计项目管理、设计的物理表现。就评估的时间和频率而言，有一次性评估、年度评估、随时展开的临时评估，以及项目前和项目后的评估。

（二）设计评估的方法

设计管理发展至今，已经发展出许多设计评估的方法。具有代表性的有英国政府贸易与产业部（Department of Trade and Industry，简称 DTI）发布的设计评估方法、菲利普·科特勒（Philip Kotler）和亚历山大·拉斯（Alexander Rath）共同研究建立的评估企业设计敏感度和设计管理影响力的方法、英国国家学术协会奖的评审规范、众多学者建立的拓展检查表，以及英国设计协会基于 BS7000 建立的设计评审规范等，该规范包括五个议题：目标、计划、沟通、执行，以及在企业层面、项目层面和设计活动层面等三个层面的评价。

（三）设计评估与组织结构

在组织结构中，不同的组织层面有不同种类和层次的设计评估。高层管理人员负责评估目标成果；职能管理层评估设计流程、产品、投资回报。就好的设计评估而言，可供参考的指标包括特殊性、可度量性、可靠性、严格度、理解力、持续性等。然而，在设计评估中也存在一些特殊的问题，如对于社会和经济标准的理解、对于特定环境下常见问题的概念化、取得和分类信息的过程、创新的难度以及应该遵循的尺度标杆、缺少精确化的表现参数、对于评估结果的解释和阐述等。

第二节　实用设计流程

这里从实际操作的层面说明整个设计流程及各步骤内容，并阐明各步骤的执行重点及沟通要点。

一、项目基础沟通与资料收集

这一步骤的主要内容是取得最初的项目资料，它主要来源于客户提供的基本项目信息。根据这些初步的信息，设计单位可以初步收集一些资料，以对设计内容有一个大致了解。而此时客户能够提供的信息往往十分有限，有的甚至是试探性的咨询，属于"投石问路"的性质。设计单位并不需要花费太多的时间和人力在此阶段，只需要尽快地了解项目所牵涉的产品类别、市场发展趋势，并根据经验对所收到的信息做出初步判断，以预估项目的类型和客户的期望。

本步骤的注意事项如下：

1. 资料收集及分析的速度要快；

2. 不要求深入分析，但覆盖面尽量全、广；

3. 按照基本的逻辑梳理并分析所掌握的资料；

4. 列出所有有疑问的地方。

二、项目描述表

随着商务谈判的推进，在双方已经有较明确的合作意向时，可以请客户提供项目描述表。项目描述表应该提供大致的项目背景、项目期望等信息，以方便设计方判断难度和规模。项目描述表是良好沟通的必备步骤，因为几乎无需支付什么成本就能够完成，却能树立良好的专业形象，还能促使客户按照自己的思路把设计需求进行梳理和表达。

对于项目执行经验丰富、规划内容清晰的企业而言，项目描述表以项目内容的传达为主；对于缺乏设计经验和外包经验的企业而言，项目描述表多由设计单位提供，企业方按内容要求填写完成后递交给设计单位。

项目描述表的基本内容包括：

1. 项目的联络信息，包括项目名称、合作双方名称、联系方式等基本工作联络信息等；

2. 项目背景信息，包括项目的动机、目的、类型，企业内部就此所做的规划等；

3. 企业基本信息，包括项目预期目标、企业自身的状况、企业自身的品牌形象塑造及识别特征等；

4. 产品基本背景，包括产品在企业产品线内的规划，产品在企业整体生命周期中的地位、价值和作用，产品线的识别特征和产品形象的延续性要求等；

5. 产品基本规格，包括所要设计的产品的技术规格尺寸、相关的技术指标范围，以及所要达到的技术标准等；

6. 产品市场定位，包括产品特征描述、产品的主要竞争对手、标杆产品，以及目标客户等；

7. 企业相关生产条件，包括产品预期的生产规模和生产方式、文件传输的形式，企业的工艺水准及能力范围等。

注意事项主要如下：

1. 用表格的形式表示，清楚简单；

2. 同类型的业务可用完全一致的表格。

三、项目评估计划

根据上述步骤所得到的信息，设计单位应该及时提出相应的反馈信息，通常是以项目评估计划的形式提出。该计划主要包括对项目类型的初步定义、执行人力与时间需求、问题列表等。该评估计划将作为沟通文件反馈给客户。

该阶段基本上是讨论要不要做该项目、能不能完成、怎么完成的问题。因而除了负责沟通的业务人员或是项目经理以外，一般还应该请设计负责人，甚至是公司负责人参与讨论。具体参与的人员视各公司实际规模与组织结构来定，但必须覆盖主要的责任方面，即业务沟通、设计专业、财务及公司总体运营等。

项目评估计划的提出应重点注重以下几点：

1. 该阶段是设计单位的项目决策点，一旦决定执行该项目之后，之后设计单位内的各部门就应该毫无意见地向下执行；

2. 该阶段要切实利用之前设计项目执行的经验，充分预估执行难度，充分了解设计单位承接设计工作的利益所在；

3. 在时间、资源等的需求和调配上进行财务评估，制订合理的执行计划及预算，连同相关问题一起反馈给客户。

四、开案会议

在前期至少一轮的往来文件沟通之后，且双方也基本对项目执行无太大意见时，即可组织召开开案会议，就具体的项目需求内容和执行计划进行沟通和确认。相关内容将在第十一章详述。

五、项目资料收集

在明确了所有设计要求之后，设计单位从客户处或是通过自己的资源，取得项目执行所应具备的所有资料，其资料完整程度依赖于设计负责人的经验。该阶段虽是属于设计单位的内部操作流程，但是在资料收集整理完成后最好再请客户确定，并保留确认记录。

六、项目定义、计划与评估

在项目资料完备的基础上，可以准确地定义出项目的类型和执行规模，从而拟订执行计划，并对项目的资源与执行方式加以评估确认。这个步骤的完成也代表项目正式完成立项。

七、设计研究

该阶段的工作主要是正式设计开始前，对一切与设计有关的内容的分析研究、项目定义等。具体来说，包括市场研究、消费者研究等，综合以上内

图 9.1 设计研究的步骤与构成关系

容后形成设计定义报告、设计策略、设计方向、设计原则及规则、项目检查表和研究报告。

1. 市场研究

包括产品所属行业的市场现状以及相关行业的市场状况研究，市场的发展趋势分析，客户的企业在市场中的实际状况与所属层次。通过此步骤可快速熟悉产品市场，合理定位产品和项目类型，客观预计设计的方式、途径和需要解决的主要问题。

2. 消费者研究

包括目标消费人群的分类与捕捉、消费者形态描述，并取得相关的消费者调查数据或资料，以此来深入挖掘产品形态、设计的可能方向。消费者研究是基于市场研究基础上发现问题和解决问题的重要途径。

八、设计定义报告

以表述前期研究发现的机会点为主，展现前期的调查研究过程与成果，并对项目展开定义性阐述，使客户参与到设计研究过程中并提供能够增值的意见。双方在该阶段达成一致意见后，再继续后续步骤。否则就需要重复以上步骤，进行机会点的重新定义或修改。该报告是向客户提供的沟通性文件，需要客户做内容的认可与确认，以保证项目执行的起点及方向正确。

九、设计策略及设计方向

结合客户企业自身的品牌策略和产品战略，把上一步骤的成果提炼成设计策略，作为整个设计项目执行的主旨。设计方定义产品的基调与特征，并提出可执行的建议，制定具体的设计方式。该部分内容将成为沟通的基本思路与框架。

十、设计原则及规则

进一步细化设计方向中的内容，提炼出其中最主要的部分，以保证设计方案能够与设计策略相吻合。项目的设计务必达到预定目标和要求，务必防范偏差和错误，可设置设计的警戒线。该原则主要用于内部设计沟通中，用来检查设计的有效性。

十一、项目检查表

将总体的设计要求、设计方向、设计原则及规则、产品规格、技术限制条件等各方面内容全部纳入执行表中，作为检查和评估设计的基础文件，也为设计师的执行工作提供具体可依的方向及细节。在之后的设计工作进行当中，提出的设计方案在最后评审时务必达到检查表中所列诸项的要求。项目检查表属于内部设计沟通的技术性文件，不对客户公开。

十二、研究报告

把设计研究阶段的所有工作过程与重点成果形成报告，向客户正式提案。提案内容必须得到客户的肯定确认，才能继续执行，否则要对其进行修改，直至达成共识。

十三、内部报告

研究报告取得客户认可后，向设计执行参与人员进行提案，所有设计人员必须了解全部内容。

十四、转化及讨论

在理解和消化设计研究报告的内容后，开始转入前期的设计思考过程。

十五、概念设计

根据设计思考的结果，展开最初的概念设计，这是整个设计过程中的第一次设计视觉化尝试。通常采用概念草图的方式，所用工具不限，以能够快速捕捉设计特征为佳。

十六、评估及收敛（第一次）

运用设计经验，在遵循设计方向和其他设计原则的基础上，对概念草图方案进行内部的讨论与筛选。

十七、方案设计

对上一步骤中被筛选出的方案进一步发散思考，提出不同的、新的设计设想，但同时方案需要细化，一些重要的细节必须被标示和表现出来，对色彩和材质的特征化处理也可以予以考虑。

十八、评估及收敛（第二次）

对上一步骤的成果再次进行内部评估，严格核对审核表上的所有细节，并有计划地选择方案，以在符合设计方向的基础上布局之后的提案策略。如计划最终提案 4 个，此阶段至少选出 8 个方案，并在设计特征上各有侧重点，其中至少有 3—4 个完全符合所有要求，其他的可适度超出要求，但要具备突出的产品竞争优势。

十九、细节设计

对上一步骤所选出的方案进行细化和完善，材质成为必须考虑的元素，同时要开始结构的合理化过程。

二十、二维渲染

通过不同的手段，尽量以逼近实际照片光影和材质效果的方式，以二维视图展现产品设计的造型和细节。应至少包括三面视图，如果时间允许，还可增加视图数量。为了帮助客户想象出产品在搭配了材质、色彩后的最终效果，可以用各种方式增加辅助说明。二维渲染的效果图可以递交给客户作为非正式沟通的内容，也可以根据项目计划，在该步骤完成后直接设置一个正式的设计评估阶段，通过后再进入下一步骤。

二十一、三维渲染

二维渲染的效果图设计方案在经过筛选后，即可进入三维建模和渲染的阶段。有的设计小组在综合自己的特长优势之后，会选择固定的建模和渲染软件，使建模软件能够与结构工程软件对接。此时的建模精度较高，可缩短定案后结构设计的再建模时间，同时也能够在设计的后期增强可行性的约束，以保证设计方案可以实现。渲染软件的选择，要能够和建模软件相衔接，并能够快速逼真地模拟材质与场景。

二十二、设计提案与评价

不论之前是否有各种设计评价，在上一个步骤的三维效果图完成之后，一定要安排最后一次设计评价。该评价由参加开案会议的所有人员参与，在某些项目中还会请后期外协厂商加入，以评估供货的能力与成本。该步骤主要是由设计执行单位报告整个设计的过程和最初提案效果图，再由客户的决策层最终做出评审意见，选择设计方案并提出修改意见，也可能会推翻设计方案，重新设计执行过程。

二十三、工程可行性评估

从结构工程的角度对设计方案进行可行性评估，并对客户的技术、生产能力与成本控制等各方面因素提出评估报告，提供相应的修改意见和后期的完善重点。

二十四、设计完善

综合修改意见，完成最终的设计修改，落实设计细节。本步骤完成后，最终的设计方案应该满足模具设计、制造成本、组装工艺等各项要求，也应确定材质的选择、色彩的处理、系列化的色彩与材质变化等设计细节。

二十五、设计定案

向客户决策层提交上一步骤的最终方案。通过评价后，设计造型即最终定案，将不再做调整，故而又可称为"设计冻结"（design freeze）。在后期的设计执行过程中，只有发现了设计的问题点，才需要对设计进行弥补式修改，但尽量不改动设计的总体外观形态与特征。

二十六、结构设计

对已经设计定案的造型展开结构设计，在保证外观的基础上，简洁有效的结构能节约生产成本并保证产品品质。结构设计要注意综合考虑企业本身的制造水平、技术研发实力、品质监管程度、产品运输和分销方式等多方面的因素。

二十七、外观模型

在进行结构设计的同时，可进行外观模型的制作。外观模型必须贴近最终量产的产品形态、材质、色彩和肌理效果。这是设计方案的首次立体呈现，也是设计执行后期的设计验证标准，此时通过对外观模型的检验还可以对设计的瑕疵进行弥补、修改。

二十八、功能模型

在上一步骤的外观模型通过评审后，再加入所有的结构功能部件，完善产品模型，使它可以实现产品量产后的所有功能。原则上说，它应该和可以上市销售的产品一模一样。该模型可用来进一步直观地检验所有的设计细节，包括产品的使用性和整体的完备性。

二十九、模型评价

在以上模型完成后，通过综合评价对产品设计提出修改意见，修改后再评价，往复几次之后最终产品完全定案，可以开始后段的试制阶段。至此，主要的设计阶段已经完成。

第三节　对项目团队的有效管理

一、不同设计人员在设计项目中的作用

在一个完整的设计项目流程中，不同的专业人员在不同的阶段所扮演的角色和作出的贡献都是不一样的，详见表 9.1。

表 9.1　各类专业人员在不同流程阶段的作用

	发现阶段	发展阶段	执行阶段
设计人员	搜寻与记录	工作室工作、发展	实际问题的解决
商业人员	寻求所需要的问题定义	多样化的模型与构思	团队的动态与并行设计
专家	变化的流程	概念与视觉化	努力沟通
成果	情景假设、想法、问题	用户及产品概念	生产和市场的定义

研究表明，在项目流程中，跨部门团队合作有助于提升新产品开发的绩效。影响项目团队合作效率的因素很多，最重要的包括建立跨部门合作的愿景与目标、信任关系与凝聚力的建立、积极的沟通与合作等。传统上企业内部的设计者被视为支援团队，而非流程或商业资源中的主角。这种认识在最近新产品的开发和设计中已发生转变，随着产品开发过程复杂度的提升，设计者逐渐开始扮演更为重要的角色，甚至开始转变成为研发的主导者。表9.2 展示了不同年代设计者在新产品开发过程中角色的转变。

表9.2　新产品开发过程中设计角色的转变

时　期	设计的角色
1800 年代	商业导向
1920—1950 年代	专业化
1960—1970 年代	职业化
1980 年代	品牌主导
1990 年代	作为产品研发流程的子流程
2000 年代	产品研发流程的领导者

二、跨团队合作形态

设计团队与其他团队的跨功能合作可以被分为三大类型：

1. 行销：许多研究者提出设计和市场营销团队要保持密切的互通与合作，设计者不只需要知道产品、竞争者、目标市场、价格，更需要知道消费者特性并持续地获知消费需求的最新资讯。

2. 研究与发展：设计者应常咨询研发团队，了解新近的市场研究及未来市场的发展。研发团队提供的资讯可以使设计者在设计时考量未来新科技提供的替代材料、机器设备及制造方法，促使设计者创造极具领先优势的产品。

3. 制造：企业应进一步整合设计与制造，有效提升产品的品质，降低成本，加速产品开发流程。

表9.3　跨团队合作形态

形态	合作的关注点
设计与市场	目标市场、产品价格、消费者特点
设计与研发	未来发展、技术创新、创新和领先的实践
设计与制造	改进产品质量、降低成本、加速产品开发流程

近 10 年来有许多研究围绕此议题展开，企图找出在新产品开发过程中跨功能合作成功的关键因素。一项以《财富》杂志评选的 500 强企业为对象的调查研究，归纳出企业内进行跨部门合作的主要阻碍。其中，有 80%的填答者认为最大阻碍是团队目标及部门目标之优先顺序的差异和随之带来的紧张关系，其次为与组织目标的冲突、资源的竞争、责任的重叠，以及与个人目标的冲突。

三、跨团队合作成功的关键因素

跨团队合作成功的关键因素有：选择了恰当的合作伙伴，与合作伙伴有相同的文化、愿景与目标；与合作伙伴建立了信任关系与凝聚力、非正式的社交关系，有正确的组织文化；与合作伙伴有良好的互动与管理支持，有资深管理者沟通协调，合作伙伴有合理的工作计划，甚至有相近的工作地点等。

跨部门、跨团队合作进行新产品开发，可以提升新产品开发的绩效，并且能有效地缩短开发的时间。要缩短新产品开发时间，需各团队成员保持有效的互动沟通，进行合理的工作分配；为降低产品开发的成本，则需管理的支持；为提升新产品的品质，需各部门团队建立共同的愿景目标和整个大团队的凝聚力。

跨部门、跨团队的合作是实现产品开发的高效率路径。不同部门或团队在合作上往往试图坚持自己的观点和目标，且彼此在目标上可能与共同的组织目标有差异，因此容易产生冲突。为了克服这种冲突局势，管理者应该建立跨团队的共同愿景和目标，并制定激励员工的政策。为了管理内部设计团队的合作，管理者需要依靠非正式的权力或影响力，也可通过提高部门或团队负责人对于跨部门合作的意识，以促进合作。

第四节　设计概要的拟定

对于一个设计项目而言，要达到其成功的目的，主要依赖四个要素：好的预算、好的设计概要、好的客户以及一个合适的时间表。而在我国现有的设计实践当中，不论企业还是设计顾问公司，其对于设计概要的概念都十分模糊，并没有形成一个清晰的认识框架。

一、设计概要的准备

要做一个好的设计概要，有两项准备工作必须做好：第一，了解设计项目的目标；第二，确认项目准备资料的完备。就一个项目的设计目标而言，可以划分为不同的层级，从最基础的层级目标——在项目预计的时间和金额内完成工作，到取得令人满意的成果、达到商业目标、发展出好的视觉效果，直至最高层级的目标——实现企业身份的提升（见图9.2）。

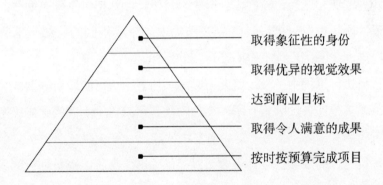

图 9.2　不同层级的设计目标

为了完成好的设计概要，设计团队应该在项目开始前确认以下资料是否已经准备完备：

1. 已经有明确的项目商业目标、财务计划、进展过程和可利用的资源状况。

2. 已经明确内部报告的结构。

3. 已经明确了项目的管控机制。

4. 已经确定了一个适合该项目的设计团队组织架构及人员安排。

二、设计概要的重要性

设计概要的重要性贯穿整个设计流程。就一个设计项目而言，好的设计概要可以为参与项目的各方人事明确共同努力的方向。同时，它还能够明确一个项目所需要达到的预期目标，并且把商业概念转化成各种可量化的衡量指标。

具体来说，设计概要在设计的各个阶段都可以起到关键的控制作用，并帮助发现机会点。在项目的前期，设计概要能够为项目的时间、预算和资源提供明确的衡量和控制标准，并帮助设计任务的执行者和发布者建立共同认可的工作内容协议。在前期的研究中，如果和适当的方法相结合，设计概要就有可能为发现和选择合适的设计概念以及设计团队提供基础。而在此基础之上，设计团队也可以把设计计划按照需求划分成不同的层级，请客户确认，从而进一步明确设计工作所要达到的目标。

在项目执行过程中，设计概要可以为项目各个执行阶段所需要的决策提供指导，尤其是在各项因素有所冲突的时候，可以提供明确的优先级考虑顺序作为参考。

在项目执行的后期，设计概要可以提供关键信息，以衡量项目的成功程度，衡量其产出是否能够真正符合最初的要求。该结果对于未来设计团队的组建有着重要的信息参考作用。同时，对于项目数据的分析，还可以为未来项目的财务和流程规划提供重要的参考指标。

三、设计概要的内容

一个完整的设计概要通常包括以下六个步骤的内容：

1. 商业目标；
2. 组织概要；
3. 项目负责人的概要；
4. 项目概要；

5. 设计概要；

6. 项目小组的设计概要。

以上六个步骤是依次进行的，其中设计概要最为重要。下面简单介绍一下一个完整的设计概要的主要构成内容：

1. 第一部分：介绍。该部分主要列出关于项目的各项基本资料，包括项目的名称、设计概要的文件介绍、主要的时间阶段、预算、需要特别关注的议题（如知识产权归属等）、联络人信息等。

2. 第二部分：项目概要，主要包括：（1）客户的组织状况，包括核心业务、项目背景和现有的组织结构等；（2）项目状况描述，包括现有状况介绍、工作的主要目的和范畴、设计要素、设计团队的角色以及与客户的关系、设计团队整体介绍、优先考虑要素、计划大纲等；（3）制定时间表，包括项目的完成时间和关键时间点，以及阶段的划分；（4）预算信息，包括批准的项目花费信息、项目经费的来源及使用要求。

3. 第三部分：面试和提案要求，包括设计的基本信息、提案的素材。其中，提案报告的基本结构如下：设计思路的总体介绍、研究方法、项目管理、项目阶段、成本报告、费用计划、实用信息、质量要求、个人介绍、健康和安全要求、保险情况、参考资料、财务状况介绍等。

第十章 如何在项目中有效沟通

第一节 了解客户的组织结构

在实际和客户进行项目沟通之前，了解其组织结构能够大大提高沟通的效率。如什么时间，就什么议题找谁联系，取得谁的认同或回复意见，我们在与客户进行沟通时必须了解清楚，做到心中有数。

在企业中，显性的组织形式通常有明确的组织架构，是公开的、有据可查的。而隐性的组织形式存在于实际的企业运作当中，其组织形式"心照不宣"，但它对实际的组织项目执行产生影响，有时甚至是起决定性作用的组织架构。形成这种隐性组织的原因，除了企业本身的文化以外，还在于企业会根据项目的不同，任命一些临时性的组织，但并不反映在公开的基础组织结构图中。

另一方面，我们也可将组织形式分为基础型和应用型，即基本组织结构和项目组织结构。基本组织结构是企业日常运作、负责行政职能管理的层级组织，在一定时间内相对稳定。项目组织结构则是根据实际的项目运作需要而组成的临时性组织，直接为某一特定的项目服务，在整个项目操作的过程中有效。

在项目沟通中最需要关注的是隐性组织和项目组织结构。这两种组织形式直接与项目的有效执行密切相关，但是对于它们的了解却比较困难。事实上，隐性组织和一个企业的发展历史及其形成的企业文化密切相关，是存在于企业中的心理组织结构。在实际的沟通中，通常不会有直接的语言提供给设计团队对此加以了解，即使能够捕捉到只言片语，也很难帮助设计单位把握全局。对于企业内部的设计单位来说，这点障碍可能是很容易克服的。但对于外包的设计单位而言，这层信息的掌握确实对于有效地推动设计工作进展起着至关重要的作用，很多设计项目的失败就是源于在这一点上的疏忽。如何了解企业的隐性组织，这个问题我们在之后的实际沟通技巧中会有详述。

相较而言，对项目组织结构的了解容易得多，设计团队可以直接要求企业提供项目组织的结构信息，通常具有开发和设计经验的企业都能够做到这一点。对于没有经验或是不知道如何架构的企业，设计单位可以直接教授其项目组织的架构方式。基本上，需要掌握以下几个基本原则：

1. 项目组织中要包括执行层、管理层和决策层。

2. 项目组织要涵盖产品开发所牵涉的所有职能。举例来说，要包括市场、营销、技术研发、设计、模型、结构工程、生产制造等。

3. 要定义出项目的开发流程，以及各职能角色的衔接和执掌范围。

4. 定义项目的管理模式，包括整个项目的沟通、信息传递和组织运作的责任承担者或单位。

5. 决策层的定义要切实有效，保证决策的权威性，同时能够切实为组织的运作起到关键性的支持作用。

6. 所有组织规划中的人员必须落实，并且设定关键的参与者，以定义意见收集或各种形式沟通时的主要沟通者和负责人。

（1）定义好项目的沟通者角色，并明确其工作职责，尽量选取负责且有经验的人承担该职责，并且承担该职责的人至少具备开发过程中1到2项以上职能所需的专业知识。该沟通者的工作应该直接向项目负责人汇报。

（2）定义明确的项目负责人。由于本书侧重谈的是项目中的沟通问题，因此面向的是牵涉到多职能部门的大型开发设计项目的沟通，设置项目负责人或是项目经理的组织结构是必然的选择。

7. 如有必要，可能会在项目的组织中增设督导层的角色，以游离于整个组织运作之外的形式加强监管，尽量减少项目推进中的人为损失。但是有时督导层本身因为没有任何权利，话语权往往很低；或是督导层本身的公正性无法保证，反而造成反作用。因此该职责的设置要依据实际情况而定。

在明确了隐性组织内容和项目组织形式之后，也就决定了整个项目的操作流程、执行模式、关键的评价和决策模式，甚至信息来源的渠道与重要程度，这些信息直接关系到设计研发的实际内容与对需求重点的解读。例如，不同的项目组织意味着不同的项目原发单位，即为什么要做这个项目，项目的最初概念是由谁提出的。如果是市场部门最先提出并启动的项目，则市场总监会或多或少不自觉地引导整个项目研发的过程。而当他的观点和研发总监产生矛盾时，或是项目负责人并不是由市场部的人员担任时，项目的信息肯定会在传达与沟通中产生偏差。而设计单位了解了这些内容之后，会知道如何分析和判断所接收到的资料的客观性，以及项目的原发背景，把握沟通的关键人与关键信息，尽快地推进设计工作步入轨道。设计单位同时利用设计专业知识，综合整合各方面的经验和意见，促使 $1+1>2$ 的局面形成。

因此，对于客户实际组织架构的了解被列为前期设计沟通的重点，它是整个沟通的信息基础，也是建立良好合作关系的基础。

第二节　了解客户的评价与决策模式

客户的评价和决策模式是和上一部分所提到的组织结构密切相关的，对评价与决策模式的前期了解也能够帮助设计单位及早地知道项目的重点。

了解客户的评价与决策模式的关键之一，是了解其实际组织架构所决定的评价参与人与职责。就以上所提的组织架构而言，参与评价和决策的人员除了项目组织中的决策层外，可能还有隐性组织中的权威发言人。因此在项目的前期沟通中，就要了解这些人员对于项目实际的评价标准和心中构想。他们往往来自不同的专业立场，但是对项目前景都有着共同美好的期望，设计单位在前期听取他们的观点尤为重要。另一方面，了解评价和决策参与人员的相关专业技术背景、工作职责，及其相互间的关系，可以帮助我们分析他们各自所提出的想法与意见。了解他们的出发点与关注点，结合其专业背景与角色，就可以帮助我们去除其中的缺点或局限，找出机会点，形成产品设计方向，也能够使该方向得到大家的认可。

了解客户的评价与决策模式的另一关键，是了解其之前的决策模式与经验，包括以前的规划与教训。设计单位可以尝试从以下问题出发：

1. 客户之前是否有明确的评价模式？是否成功有效，并一直沿用？

2. 他们是否发现该评价方式的局限性，是否修改过？

3. 之前评价模式关心的重点是什么？

由此可以判断，客户所关心的重点和改进的重点在哪里。当然，如果遇到的客户之前并未有完整的或是可操作的现成的评价与决策模式，可以尝试和他们建立一种共同认可的形式。而这一过程也要在设计的前期沟通中就落实完成。

关于评价与决策模式，要了解的第三点是各阶段评价指标的拟订计划，这关乎评价与决策模式的具体实施，也是保证评价与决策客观性的基础。主要的内容包括以下诸项：

1. 定义评价与决策的阶段和时间点，确定其在整个设计项目流程中所处的位置；

2. 对应的评价与决策的内容及目标，包括该时间点应该完成的工作内容，以及对应的前置工作内容和后置工作内容；

3. 评价的主要方式，包括定性、定量调查；

4. 评价指标的选择、评价指标的权重计算、评价模型的建立；

5. 决策的依据，以及参考的数据和资料。

根据以上几点，可以大致规划出设计项目中的评价和决策方式。需要注意的是，由于整个设计项目执行阶段牵涉到多次评价与决策，其形式与规模也会有所差异，因此还需要规划好它们之间的主次关系，选择重点，以避免因过度准备评价资料而导致时间延误，或是因意见相左而导致方案停滞。基本原则是，以各设计阶段结束时的评价为主，以阶段内的评价为辅；就专业方面的评价而言，应以吸收专业权威人士的意见为主，兼顾综合性意见；对于越接近后期的评价，应越注重综合性。

第四点，也是作为补充的一点，即思考设计单位自身在评价与决策中可以担任的角色。这一点往往被设计执行单位忽视，而事实上，有意识并且有能力参与到这项角色规划的设计单位，其设计的成功率通常较高，在设计过程中碰到的沟通问题也较少。这是因为在整个前期的设计沟通中，对于设计单位来说唯一的重点是：体现专业性，树立客户对自己的信心。这一点做到了，在后期的设计执行当中，客户因对其专业性的依赖与信任，自然会较少地提反对意见。对于客户的决策层而言，权威而专业的、有置信度的设计评价意见对自己的决策意见起着非常重要的作用。其实，也正是因为相信其作用，客户才会来寻求该设计单位的专业设计援助。因此，设计单位完全可以主动把自己纳入设计评价与决策的体系之内，甚至可以主动规划评价与决策模式，以作为设计的专业角色提供意见。但是需要务必注意的一点是，充当这一角色的设计单位人员必须具备丰富的实际操作经验，并且其评价的专业权威性和客观性已经在前期的沟通中取得了客户的认可。

第三节　洞悉客户的项目开发背景

在前期的项目沟通中，对于项目开发背景和客户企业整个历史发展的了解，能够为以后的沟通和设计工作的顺利开展提供保障。

对于项目开发背景的了解可主要侧重在以下几个方面进行：

第一，了解客户的项目开发历史。客户之前的项目开发历史，不仅代表了其已有的开发成果，也说明了客户真实的发展历程。曾经有多少产品上市，上市后的效果如何，市场评价和客户的自我评价怎样，之前自主开发项目的比例是多少，参与自主开发的专业职能有哪些，是否有过同种类型的项目执行经验、成果如何、主要问题有哪些等，这些都是可以关注的问题。设计单位通过对客户之前项目的了解，可以明确自身在本次设计服务中的地位和期望，为设计方向提供重要的参考信息。

第二，了解客户的项目开发经验。客户之前的项目历史必然为其积累了一定的项目经验。一般来说，积累的项目经验越多，客户能够在前期预见并主动规避的问题就越多，主动性就越强。对于客户开发经验的研究，除了了解实际的各职能部门参与的工作外，还要了解他们积累的实物资料和人员经验。就经验的积累范畴而言，包括专业技术知识的累计、实际操作方式的经验和外包等外部资源的累计。对于客户项目经验的了解可以直接帮助设计单位找到有经验的人来进行沟通，以取得有效的资源。同时，利用这些人员本身在客户企业内部的价值协助沟通设计。而客户经验在实践层面的积累，可为我们提供的项目操作时直接或间接调度的资源，成为项目的技术后备信息。

第三，了解客户的项目开发实力。对于客户开发实力的了解，主要包括人力资源、设备、技术和可供操作的资源，以及客户与这些资源之间的关系、配合程度、经验和默契度。这些开发实力可以为项目提供切实的服务，了解其状况自然也就能够帮助我们更好地规划项目操作流程，并预估项目操作的难易程度，定义项目类型。在了解开发实力的过程中，尤其需要注意客户自身所缺失的部分。由于客户不具备这些条件，因此可能会采取其他方式弥补，比如临时招募有经验的人员，或是把该阶段工作外包。如果出现这一状况，必然会因为增加沟通的环节，使整个设计项目沟通难度加大。可经过提前规划，尽量避免可以预见到的问题出现。

第四，综合客户的项目开发问题。综合以上三项，可以大致归纳出客户之前在开发项目中主要存在的问题，这些信息将会为设计团队之后的工作和执行过程提供参考。

第四节 了解客户对自身的评估与期望

客户对于自身是否有一个清楚客观的评价，会直接影响其未来的发展规划，以及对项目的执行成果预期。因此，了解客户对于自身的评估与期望，能够帮助我们提前预计在未来项目执行中会遇到的问题，甚至是沟通的落差。

我们应知晓客户对自身的评估与期望，这主要包括以下几个重要部分：一是客户对于自身发展状况与实力的评价；二是客户所拥有的经验；三是客户所掌握的资源；四是客户对设计的认识与价值评价。客户对于设计项目目标的确定，潜在地受到由这四项内容组成的自我评估与期望的影响，项目沟通与执行的难度很大程度上也是来源于此。

第一，客户对其自身实力与发展状况的了解程度。在项目正式开始之前，利用前期的交流机会，初步了解客户对自身的评价，并对此做相应的市场及行业资料收集，以判断客户自身评价的客观性。该项评价内容包括客户的综合实力、市场排名、行业地位、主要竞争对手、品牌知名度与信誉度、产品发展状况、后继能力等。需要注意的是，取得这些内容的客观资料，并不需要做定量的市场调查，因为该阶段只处于项目的前期沟通，而是需要快速、专业、客观的评价。通常这些信息来源于行业内部报告或专家意见，以保证客观性和有效性，主要为我们对项目的规模与难度提供判断依据。同时，在该阶段所得到的初步结论，也可以带入到未来的沟通与项目调查研究中进行验证与修改。在项目结束后，可以将其提供给客户作为参考意见，帮助他们积累经验。

第二，了解客户所拥有的经验。客户所拥有的经验包括市场开发与营销、产品研发、生产制造、项目管理与沟通等。一般来说，和经验越丰富的客户合作，项目的成功率越高，因为这样的客户能够比较清楚地知道自己的目标和实现的手段，能够预计到问题和困难，也知道沟通与执行的难点，比较有效地沟通和组织项目。在这样的项目合作中，设计单位与客户只需要就各自的沟通模式达成一致，拟订一个双方都满意的合作形式即可。项目在大家满意的双赢目标下进行，项目执行中的沟通往往也会比较简单、直接且有效。

相反地，缺乏经验的客户容易在这些问题上遇到困难。在这种时候，有经验的设计单位需要在项目初期根据客户的背景状况进行分析，把可能会遇到的困难和问题告诉客户，请他们再评估项目计划，同时也可以考虑听从专家意见，尽量把问题前移，以减少设计执行中的各种消耗。在必要的情况下，设计单位可以在一开始就建立自己的专业地位，并和客户达成共识，在之后的项目设计执行过程中，形成由设计单位主导的主从关系，以保证项目有效进行。针对这一状况，尤其需要注意的是设计单位和前置及后置工程的平顺衔接问题。

第三，了解客户所掌握的资源。这项内容和前面两项环环相扣，组成的是客户的整体基础架构。对于客户所掌握的资源，应侧重了解其现在拥有的内部资源和外部资源、希望发展的内部资源、有能力掌握的外部资源。客户所掌握的资源联系的是项目流程的优化处理，即以什么样的资源链接能够实现整个项目的最佳成果。对这一问题，可以从供应链的观点进行考虑。而对于设计项目的沟通问题而言，了解客户在项目执行过程中可利用的资源，不仅可以为客户提供供应链选择的建议，更能够使我们提前预计设计所要沟通的部门及状况，定义清楚相应的工作涉及范围、文件传输形式、沟通的时间与地点、沟通的主要环节与期望等主要内容。对这些信息的了解能使设计单位在项目的沟通中处于主动的战略地位，以合作或是主从的关系提前定义沟通方式，运用自身的经验建立熟悉而有效的沟通模式，在前期的项目沟通中因此建立起自己的专业信誉度，帮助客户树立对设计单位的信心。而这又能反过来促进项目的执行。

第四，了解客户对于设计的认识，这项工作是在获取以上信息的基础上展开的。信息的获取可以通过行业内部信息、客户自己的表述和开案会议，设计单位在取得信息之后，通过分析就可以了解到客户对于设计价值的认同度、对设计过程的了解程度、对设计地位的定义、设计与产品竞争力的关系、设计所能达到的目标等多方面问题的认识，从而获知在客户心目当中执行设计项目的设计单位的地位，而这也往往决定了设计单位在工作中，尤其是项目初期的话语权和沟通中的优劣势。

第十一章　如何与客户开案

　　开案会议，英文中通常称作"kick-off meeting"，是整个设计流程中的第一次正式会议，整个设计流程在这次会议之后正式启动。对于设计单位中的人员而言，这是一个"听"和"问"的会议，主要听取客户企业的要求与阐述，询问相关的项目问题，以快速有效地收集资料，建立起对客户企业和项目的认识。因此，关于开案会议的技巧，其实就是"听"和"问"的技巧，记忆与直接观察的技巧。

一、开案会议的主要内容与目标

　　开案会议是项目主要参与人员的第一次正式集体会面，所有项目的主要决策层、执行层和沟通人员务必到场。通过该次会议，项目成员互相认识，建立工作联络关系。该会议对项目前期的沟通内容和问题加以总结，设计单位取得所需要或落实的项目资料，企业阐述项目的需求与计划。在此基础上，双方就项目的时间、流程、资源等内容沟通协调后达成一致，最终形成项目计划。

　　可以说，开案会议是一个转折点，是项目前期的重要沟通内容，承接了初期的项目沟通和研究，使各类问题得以明确和解决，促使项目转入正式的执行阶段。

　　开案会议是双方人员的第一次正式会面，也是设计单位建立专业信誉度、让企业对设计单位树立信心的重要机会。这次沟通的顺利和成功能为未来项目执行过程省去很多不必要的沟通环节或是可能的麻烦。

二、前置及后置工作

（一）前置工作内容及重点

在开案会议之前，已经完成的前置工作可以分为商务部分和专业部分。商务部分的沟通内容涉及双方的初步沟通与了解、项目计划的初拟和意向合约的签订；专业部分执行的工作内容包括对企业、产品及项目的初步了解与研究、基本项目描述表的完成和问题列表的完成。所有的前置工作都可以看作为开案会议所做的准备活动，所有准备的内容都需要在开案会议时得以确认和落实，这样才能够保证项目有效率地开展和推进。

需要注意的是，在前置的商务工作中，意向合约的签订是保证开案会议有效进行的重点，在这里的意向性合约其实和正式合约已无太大差别，只是在具体的项目执行内容和计划上留有余地，以便在开案会议结束之后，根据收集的完整资料做出调整，制定更详细的计划和合约。而前置工作的专业部分，不但要和商务部分一起展开，初步定义项目的规模、难度与执行计划和重点，还要注意前期研究的尺度把握。前期研究的重点在于快速地了解产品所处的行业和企业状况、产品的研发与制造状况、客户所属企业的实力等。在此基础上，结合客户所填写的基本项目描述表的内容，准备相关问题，以便在开案会议召开或之后取得完整的项目资料。

（二）后置工作内容及重点

开案会议结束后的工作内容同样可以分为商务和专业两个部分。商务部分的重点是根据会议记录，完善项目计划、定义项目类型与规模，最终签署合约，从而使项目正式立案展开。自此，商务部分的工作重点从前期的规划、洽谈与商务文件的签订，转向合约内容的执行，担任起设计流程中的非专业沟通角色。专业部分的重点则是归纳整理所取得的所有项目资料，展开分析，完成产品企划，提交企划报告。这一阶段也是产品企划的前期工作重点。

表 11.1 开案会议的前置及后置工作

	商务工作	专业工作
前置工作	1. 双方的初步沟通与了解 2. 项目计划的初拟 3. 意向合约的签订	1. 对企业、产品及项目的初步了解与研究 2. 基本项目描述表的完成 3. 问题列表的完成
后置工作	1. 完善项目计划 2. 定义项目类型与规模 3. 最终签署合约	1. 归纳整理所取得的所有项目资料 2. 展开分析，完成产品企划 3. 提交企划报告

三、参与人员

参加开案会议的成员根据工作职责的不同，可以主要分成三类：决策层人员、执行层人员、项目管理与沟通人员。由于他们所处的单位不同，也可将其分为企业方、设计单位和其他供应商，涉及供应链中所有单位的相关人员。在这里，我们主要探讨企业与设计单位的工作人员。

1. 企业方

根据工作职责的划分，企业决策层的人员通常为企业的总经理等最高管理者和各主要相关部门的负责人，他们是参与项目评估和决策的主体人员。虽然有的项目中，企业还会选择客户代表和经销商代表参与决策，但事实上他们并不会参与项目的前期规划和执行，只是在最后设计评价与决策时提供意见，作为修改参考。执行层指的是参与该项目执行过程的企业相关部门领导和小组负责人。项目管理与沟通人员则主要负责管理、联络、监督执行的工作，他们串起了整个项目的专业和非专业性活动，同时也是连接企业和设计，以及其他供应商的桥梁。

2. 设计单位方

设计单位的决策层是指其总经理和各设计专业的负责人，如设计总监、工程总监等。他们是设计单位执行设计项目时的决策者，有着丰富的专业知识背景。执行层指实际负责项目工作的各职能部门小组负责人，如设计负责人、研究负责人等,他们直接承担项目的工作流程,并对职能技术总监汇报,协调设计进程的推进。设计单位也会指派相应的项目管理与沟通人员,负责项目的联络和商务工作。

在不同的设计单位,为应对不同的客户与设计项目,参加开案会议的人员灵活性也较大。加之大多数情况下,开案会议都是在企业处召开,受到时间和空间的限制,设计单位参与会议的人员可以适当压缩。但是至少得有两人参加,在职能上各自负责专业的部分和非专业的部分,在角色上也要分成决策层级和执行层级。

四、会议准备

由于是第一次正式会议,并且是以"听"和"问"为主,因此会议的准备相比后期的提案会议,硬件准备内容较少,软件准备内容较多。在会议正式开始前,主要的准备内容有:

1. 时间:确定会议的日期,开始的时间,预计的长度。

2. 场地:明确会议的地点和具体场地的安排。一般会议地点会在企业和设计单位之间择取其一,而为了方便所有相关资料的取得,建议会议安排在企业处。确认场地状况和设备,以获知可利用的空间和仪器,如是否有投影仪可用等。

3. 确定参加人员:根据日期和地点,双方确认参与的人员。由于日期和地点是制约参与人员的主要因素,因此要提早确认,并在确认后根据上一步骤的内容,安排出席的人员。

4. 目标沟通:双方就开案会议的内容和目标达成一致意见,并就会议的流程达成共识。

5. 商务资料准备:准备好已经完成的项目计划、意向书等商务文件资料,并在会前传达给双方相关的人员。在开案会议中,只就关键问题进行讨论和解决,以尽快解决问题,签署文件。

6. 专业资料准备:整理好基本描述表的内容和前期研究成果、要提问的问题、所需资料的清单，以便在会议中或之后拿到完整的项目资料。

五、会议流程

开案会议的大致流程基本如下：

1. 抵达：提前到达及再确认。外地的单位要提前到达会议地点，原则上，要提前一天再确认开案会议的日程和参与人员，以确保万无一失。

2. 入场：会议当天准时抵达、入场、落座。

3. 暖场：双方互相介绍到会人员，互换名片。

4. 介绍：会议召集方介绍会议流程，双方介绍人员及各自执掌的工作，对公司组织加以介绍，如有必要可安排公司简报。

5. 项目介绍：客户项目负责人介绍项目状况，其他人员补充。

6. 设计提问：设计单位就项目内容提问、讨论问题。

7. 会议成果：取得技术资料，落实项目问题，重点问题在现场达成一致意见，形成会议记录。

8. 商务成果：就上一步骤的成果，确定项目执行计划及其他商务细节，签订或修正合约。

9. 会议记录：完成会议记录，签字。

10. 会议结束。

六、会议沟通重点

对于所有的开案会议来说，有三项内容是务必要完成的，也就是开案会议所要达成的沟通重点。

在商务会议中，与会人员的介绍被看作是必不可少的商务交流过程。但在实际设计类项目的操作中，在很多情况下这一过程只是被视作寒暄或是礼貌性的问候方式而已，其中可以捕捉到的信息与价值往往被忽略。而在设计沟通中，细节往往最能够反映真实的状况。对于细节的关注和把握，有时恰恰能够决定项目的成败。对双方人员的介绍可视作整个设计沟通初期双方的首次正式接触，其所体现的表象或隐含，都是非常重要的信息点。及时捕捉这些细节，必定能够增加设计项目过程中的沟通与了解，及早避免不必要的问题和障碍。

在双方人员的介绍过程中，主要应注意把握以下几个关键点：

1. 准确地认识人，并了解其职责。

在对双方人员的介绍中，互换名片是主要的活动内容，这里我们不再赘述这一过程中的商务礼节，而着重谈需要把握的重点和主要信息。

通过互换名片的过程，务必要把人和其工作职责对应起来，即要能够把人、人名和其职务名称与职责记住。开案会议一般是双方和项目有关人员的第一次集体会面，到场人员多多少少都会在项目进展中承担职责，认识他们对于在之后的项目沟通过程中，及时地找到准确的人、获取准确的信息非常重要。其次，第一次见面的印象非常重要，记住人与职责就能够在会议过程中准确地称呼和询问与其专业相关的问题，这样会大大增强对方的信心和信任，深感倍受尊重，同时有助于自己在对方心中留下良好的印象。而准确地记住人与其对应的职责，也能够帮助我们在短短的会议过程中更加有目的地获取所需要的信息。因此，可以说，这是保证开案会议顺利有效进行的关键的第一步。

记忆力不太好的人在同时认识比较多的新面孔时，要做到以上几点比较难。这里有几个小技巧可以使用：第一，可以在交换名片时慢慢念出名片上的名字和职务，既表示对对方的尊重，又能够加深记忆；第二，可以只记住姓和职务的联称，如刘某某，职务为研发部长，就可以直接记为刘部长，并不断强化记忆；第三，在名片交换完后，快速回到自己的座位上，把收到的名片按照对方人员落座的顺序摆放在自己面前，再加深记忆；第四，类似上一项，把会议的落座顺序简单地画图，并把人称写在对应的位置上。

2. 了解组织框架及项目组织。

了解组织架构和项目组织实际上也是在双方互相介绍和互换名片的过程中完成的。因为每个人的名片上都会列有其所属单位（部门）和职务，通过了解这些部门和职务在其公司内实际的组织架构关系，也就可以初步推断出到场人员的组织架构，和由他们组成的项目组的权责结构关系。

了解这些关系的目的，就是清楚其项目管理的方式和信息在项目组织内部的传递结构，以及最后可能会采取的评价与决策方式。我们可以在会议中进一步地观察和验证已掌握信息的正确性，一步步深入地了解对方，明晰在未来的项目沟通中，哪些人会成为积极因素，哪些会是消极因素，这也有助于我们在项目设计和执行过程中，更加客观地评价这些因素，综合考虑，以增加沟通的有效性和项目的成功率。

通常在互换名片的过程中，为了能够更加了解达到对方这方面的信息，用追问的方式是比较有效的，这通常也会营造一种轻松的气氛。

3. 了解隐性的项目组织。

隐性的项目组织是和显性的项目组织相对应的概念。显性的项目组织，顾名思义是公开的、众所周知的项目组织架构，但是在实际的项目执行和操作过程中，总有人会在某一个阶段以某种方式参与到项目活动中来，有的甚至还起到至关重要的作用。这尤其会出现在大型企业的设计项目中，因为设计项目的重要性，加之决策层需要获取多方面的信息，因此会有不同层级和专业的人加入进来，使得项目的执行面临很多突发状况。

企业内的销售经理（上面还有销售总监），或是一个刚进入企业的设计专业的毕业生（企业内再没有其他的设计专业人员），都有可能在实际的项目运作中担任极其重要的职责，而如果仅仅通过名片上所列的职务，他们很容易被埋没在一大堆总监或是副总的名片后面。你怎么知道哪个销售经理事实上才是企业内这个项目的真正发起人，那个设计专业的毕业生正是企业寄予希望的未来设计部门的主管或主力，但不管你是否知道这些，对于他们所构成的隐性项目组织的忽略却一定会给你带来项目执行的困难，以及沟通的阻碍。

因此，只是认识名片上的每个人和其职务并不等于弄明白了客户的实际组织运作形式，对于隐性组织结构的观察与了解能补充之前的认知。两种组织结构其实是相互联系和互为基础的，一般来说，显性的组织结构是相对固定的，而隐性结构是经常变化的；显性结构代表的是企业过去的构成与发展结果，只是体现在现在的组织结构中，而隐性的组织结构代表的是企业未来可能的发展趋势与方向。

如何观察到组织的隐性结构呢？对于隐性结构的了解必须建立在对显性结构了解的基础之上。在掌握了企业显性组织结构的基本状况之后，可以通过观察法做第一步的深入了解。所谓观察法就是在开案会议过程中，有意识地观察企业与会人员的发言顺序、语气及其各个成员之间的态度，以此了解他们的实际层级与工作执行关系。对方对设计最感兴趣的人是谁？谁的问题最多？谁是最后发言的？谁的要求又最多？在这些问题的基础上，建立自己对其组织形式的初步推断，并开始在已知的显性结构基础上做信息资料的修改。在信息资料逐步完善后，可以进入第二步，即资料正确性的验证。针对在已知的两种组织形式中职能和地位变化最大的人进行提问（建议用私下非公开的形式），主要问题内容为其组织结构和他个人的工作职责，如果可能甚至可以包括专业背景、行业认知度等信息，以此确认对其隐性组织判断的准确性。当然，也可以针对那些在组织结构图中和此人关系较近的人员提问，也同样能够得到验证信息。

对隐性组织结构的了解对于未来整个项目的顺畅执行是非常重要的。事实上，对隐性结构的了解贯穿整个开案会议，任何一个环节有疏忽，就会错过时机，无法完成。我们把这一活动过程在会议一开始的阶段就提出来，引起大家注意，就是要强化这一了解过程和整个会议进程的关系，其流程图可以见图11.1。

4. 观察个人作风及相互关系和默契度。

开案会议是项目组中两个单位的人员的初次会面，这就好像两个人的初次见面一样，通过细致有效的观察才能够把握以后沟通和执行的重点。因此，从会议的一开始就要仔细观察对方到会人员的行为和举止，及其相互关系和状态。例如，对方负责介绍的人是谁？他主要介绍的人又是谁？

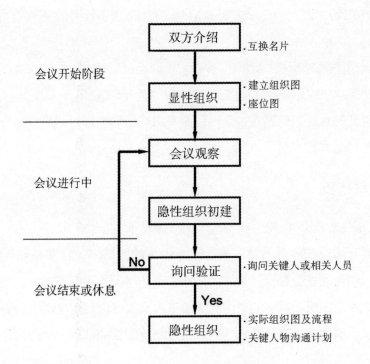

图 11.1　开案会议的主要流程阶段

　　而在会议的进程中，由于双方会有提问和讨论的时间，也就能够通过关注细节来获取大量的信息。对方是否在某一问题上表现出强烈的一致性，或是对某一问题特别重视，而这就是最需要关注的地方。对于这类集体认知度高的问题，一般来说背后一定有故事，或是之前有深刻的经验教训，或是大家一致认为该点体现的正是企业的核心价值。这些要点在之后往往成为设计活动中的一项评估标准。集体认知度高的问题要关注，在某一专业领域或是几个专业领域共同认知度高的问题也需要予以重视。

　　为了检验对于这方面信息的掌握程度，可以在开案会议召开之后试着回答以下问题：

　　（1）在项目中，客户最重视的问题是什么？

　　（2）在客户过去的项目执行经验中，最重要的成功之处和失败之处各是什么？

（3）市场、研发、设计人员各自担心的问题是什么？是否有共同点？为什么？

（4）客户的处事风格如何？有着怎样的问题讨论方式？效率如何？

（5）在客户中，除总经理外，谁还像"意见领袖"？

如果能够对以上问题有一个比较完美和清楚的答复，则这一部分的信息内容就已经基本掌握了。

七、会议技巧

1. 事先的信息了解

通常开案会议的时间并不长，因为参与的人员多，且多是高级管理人员，各自的时间安排都比较紧张，因此最多在半天的时间里结束，有的甚至只有 1 到 2 个小时，剩下的交由具体负责人员来讨论。要在这么短的时间内完成以上所说的会议重点内容，并取得计划所需要的准确有效的信息，必须事先做一些准备工作。

事先的准备工作应该涵盖会议的所有主要内容，只有文件、信息等各方面准备充足的情况下，才能够在开案会议中有的放矢，并对准备工作中所了解到的资料加以分析和判断，初步完成一些框架，如可以先勾画出显性组织结构、隐性组织结构、主要问题点等诸多内容。而在开案会议中，所要做的事情就是验证之前所做的判断是否正确，并及时修正。

2. 着装准备

我们一再强调开案会议是双方主要项目成员的初次正式见面，因此第一印象非常重要，着装也不容小觑。如前面所介绍的参会人员安排，我们可以把设计单位的参加人员划分为管理级、专业级和业务人员等三类。通常在设计单位中，管理级人员多数都有着丰富的专业背景，在实际会议中，必须选出其中一名或几名充当设计单位的带队人员。在这种情况下，通常会选择一位最有分量的高级管理人员作为领队，他在此时的角色是整个设计单位的代表，而非资深设计专业人士。故而他的着装应是正装，以示对客户的尊重。

参加开案会议的专业人员通常是设计经理、企划经理或是结构经理，他们参会的主要目的是解决专业问题，体现专业实力，令客户对设计单位树立信心。因此他们的着装务必体现出个性，可以是休闲装或是其他的服装类型，但是不能太过随意。这在其他的商务会议场合中可能是不允许出现的着装，但是在设计项目的开案会议中，这恰恰是客户最愿意看到的。有一个非常重要的着装原则是，不论专业人员选择什么样的个性着装，必须使自己的个性和特征与项目中的角色相符，这一着装代表专业人员对于设计趋势的理解和诠释。要知道，在开案会议的私下场合中，设计专业人员的个性着装往往是企业感兴趣的一个话题，他们也非常想知道这里面的专业特征和风格，而这不但是一个建立良好沟通基础的机会，也是设计者展现专业能力、培养企业信任感的时机。专业人士的着装原则基本包括：

1. 休闲为主，略带正装元素，不能太过随意；
2. 个性与趋势相结合，不需一味追求流行或是另类；
3. 整体协调得体，避免过于夸张的造型；
4. 主体简洁为主，注重细节品质，避免过多装饰和元素。

基本上专业人员的着装如果能够符合以上原则，就能够取得较好的效果。除此之外，要注意服装的颜色不能太过花俏，如果不好把握客户对服装颜色的反应，那么，可以选择比较安全的黑色或是灰色系的着装。

项目经理或业务人员等非专业人员的着装经常被人们忽略，在会议的准备过程中不列入考虑范围。事实上，如果这类人员的着装大方得体，会大大提升客户对于整个公司形象与品位的印象。这类人员可以根据自己的层级选择着装风格。一个建议是，比较高职级的非专业人员的着装可尽量靠近高级管理人员的着装风格，处于执行级的非专业人员的着装风格可以尽量参考专业人员的风格。这样选择的原因是，高级非专业人员的角色体现的是设计单位对于项目的重视程度，因此会有不止一位比较高职级的人员到场，同时也可以向客户暗示其在项目执行管理中的地位与作用。执行级的非专业人员，客户原本的期望是能够完成非专业沟通，并不会过于重视。而着装比较有设计专业风格的人员，则会在客户的潜意识里面建立一个比较专业的沟通者的形象，会愿意相信这一人员也是懂设计的，因此在沟通中容易建立信任感。

　　着装看起来是一个比较私人的事项，其在设计项目的沟通中通常会被忽视。而恰恰是这样的细节，是客户观察设计单位的绝好机会，也间接成为决定未来的设计沟通能否顺畅进行的因素之一。需要提醒大家的是，不要因为细节的疏忽而为自己在设计项目中制造麻烦。

第十二章　如何制作报告并提案

第一节　分析报告的制作技巧

一、文字处理技巧

1. 字体务必要加粗。

原因：各类投影仪的效果相差较大，字体如果不加粗，在有些旧款的投影仪中无法看清楚。

注意：由于提案的时间、场合会有很多不确定因素，甚至可能会有临时状况发生，因此报告的准备要以高适应性为目标。

2. 中文字体建议选用微软雅黑、新细明体、MingLiU 或宋体。

原因：实际使用中，尤其是前两种字体，在投影的不同大小和远近的情况下，效果都很好。这类字体笔画粗细较为均匀，字形饱满，很容易辨识。这两种字体的结构特征在搭配图片时的效果最佳，非常适合设计相关主题的简报内容。同时，这几种字体较为普遍，在一般的电脑字库中都有，因此在文件转换和传输时不必担心丢失。图 12.1 和 12.2 所示为同样的文字内容在相同字号下的对比效果。

3. 英文字体及数字建议选用 Arial，Times New Roman。

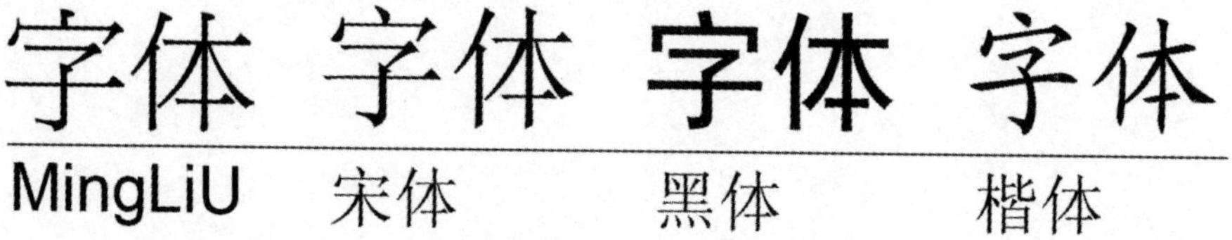

字体 字体 **字体** 字体
MingLiU 宋体 黑体 楷体

图 12.1 各类中文字体的效果对比

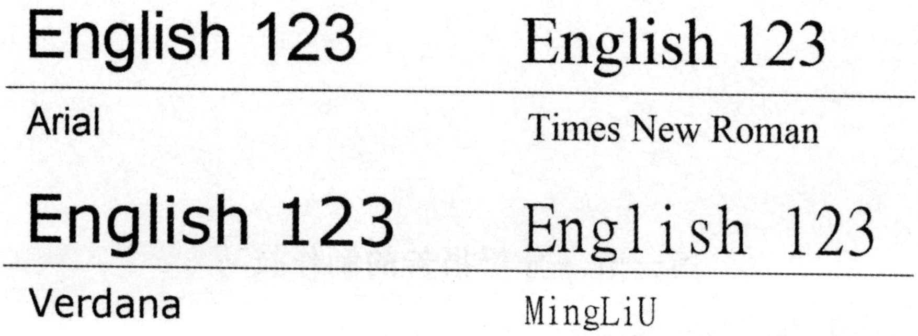

English 123 English 123
Arial Times New Roman

English 123 English 123
Verdana MingLiU

图 12.2 几种英文字体的效果对比

原因：选择的原因和上一条基本相同，尤其推荐使用 Arial，因为其字体工整，粗细均匀，英文及数字的显示效果都很好。而 Times New Roman 字体本身还有粗细变化，在不同的大小字体排版时，选择余地大，很适合设计类主题的简报。

注意：在这里还要特别提示的是，如果中文字体选择了新细明体或 MingLiU，则英文最好不要用同样的字体，因为其视觉效果和饱满度并不是很好。

4. 整个简报内，除封面外的其他文字，中英文各选择一种字体，且一律统一。

原因：可以增加版面的整齐度，令简报看上去很顺畅。

注意：一个整洁、统一和流畅的简报传递给客户的潜在信息是专业和投入，这也是以实际行动感染客户并建立信任的好机会。

5. 每页正标题：建议选用 36—44 号字体并加粗。

（1）每页的大标题一般以 44 号字为主；

（2）在标题文字内容较多的情况下，尽量把标题内容控制在一行内，并适当减小字号，以保证各页面之间的比例协调；

（3）标题字号建议不要小于 32 号，否则难以和内容文字区隔开，缺乏主次关系，容易造成阅读困难和混淆。

原因：标题的字体务必要大且尽量统一，这样能够令人很方便地找到所需要的题目内容，从而加快阅读速度，也能够留出精力听简报的内容。

注意：一份容易理解的报告可以令客户在听的过程中产生成就感，也更容易使客户对报告的内容产生认同，而不是抵触。

6．内容性文字：建议在 16—24 号之间，并加粗。

（1）16—24 号的字体，大小适中，比较方便识辨，在各类投影环境下也容易阅读；

（2）字号适当小于标题，可以形成阅读的主次之分；

（3）同一份简报的所有页面中的文字尽量用相同的字号，如遇到文字内容多寡悬殊的页面，可适当调节字体大小，但必须在一定的范围之内。

原因：和标题统一字号的目的一样，字体大小统一的文字内容易于识别。字号范围的设置以大不能大过标题（含子标题）、小不至于难以识别为标准。这也是为简报在各种场地的幻灯片投影效果考虑，临时打印成讲义时的可阅读性较高。

7．子标题：可采用 28 号字，加粗，单独放置在内容文字之上。

（1）子标题的文字大小要介于每页正标题和内容文字之间。

（2）其位置与内容相关，如果子标题更趋向于主标题的说明性内容，则紧靠主标题放置；如果子标题更类似于内容的概括说明，则放置在内容文字开始之前的位置。

（3）与每页的标题和内容文字相比，子标题不是必需的，其采用视具体情况而定。不过，每页的正标题和子标题所组成的标题组必须概括本页的内容。

原因：一般来说，子标题所起的作用是辅助性说明，因此一般不能大过正标题，但要大于内容文字。

注意：一个重要的原则是，在一份简报中不能够出现两个标题相同的页面，即使是同一内容分两页阐述，也必须加上 1、2 等分隔标记，以免读者混淆。

8. 其他说明性文字：用 12 号左右的字体，可选择和底色对比略弱的字体颜色。

（1）说明性的文字内容包括一些实际的数据、案例和图表的说明等；

（2）说明性文字是对页面内容的辅助材料，即使不阅读也不影响对内容的理解。

原因：说明性文字通常是给一些富有余力或是对简报兴趣浓厚的人准备的，因此对它的处理不能干扰整体内容的阅读，要尽量减少其和正文内容的视觉冲突，处理成次要的内容。

注意：从主标题到最小的说明性文字，字号依次减小，其在简报中的作用也依次减弱，但是每一个部分都不容忽视。即使是说明性的文字，也应该尽量提供，因为说明性的文字能够展示报告的扎实功底。

注意：标题内容告诉客户"说的是什么"，文字内容告诉客户"说了些什么"，辅助性文字告诉客户"为什么这么说"。

9. 用"说"的方式处理文字。

（1）内容文字的编排必须容易阅读；

（2）撰写者要多读自己写的文字内容，让其通俗易懂，不会造成歧义和混淆；

（3）确认所用的术语是大家都知道的，保证文字的内容是大家都听得懂的。

原因：简报文字应在通俗和专业之间找到平衡点，过于通俗的用语会显得不严肃和专业，而过多的专业术语又可能令不同层次的客户读者产生反感和抵触，会产生负面效果。解决的办法是在把握这一原则的基础上，多读和多演练，不断地修正和调整用语。

10．不要出现错字和语法错误。

所有的文字内容都要检查，确认不会有错字和语法错误等最基本的问题存在。

二、图片处理方法

1．适当压缩图片，缩小简报文件。

简报中的图片可以根据最后的精度要求统一压缩大小。最佳的方式是保留原图片精度，按照简报中的实际所需进行大小压缩，这样可以缩小简报文件，从而方便文件的携带、传送及调取。

2．保证图片质量。

选取高质量的图片，使图片清晰度能够适应简报的显示需要，同时要注意图片本身的拍摄品质。图片的清晰度要能满足大屏幕显示的需要，否则在投影中出现的锯齿会大大降低整个报告的品质。图片的拍摄品质也同样重要，因为是设计提案，因此选取色彩饱和度高、角度好、能准确说明问题的图片十分重要。

3．配有说明文字的图片时，文字和图片尽量编排在一起，避免混淆。

文字和用来说明的图片紧密结合，清晰明了地显示它们之间的关系，减少错误信息的传达。

4．在说明某些现象和分析内容时，选用与内容相关的图片。

图片和文字内容一定要对应。建议建立图片资料库，以方便找到针对各种现象和主题的图片。

5．简报的图片来自网络时，记得取消链接。

一些内部的非正式报告也许会用到网络上已经公开的图片，将其放置到简报中时务必取消其中的网络链接，以避免在报告时误点击而跑到某一网站的尴尬局面。

6．图片不要重复。

在简报中，即使前后讲的是一个问题，或是小结综述的部分，也不要选择之前已经用过的图片。

三、图表处理

把单纯的数字转换成图表可以减少简报中数字的使用频率，因为数字的阅读比较费力，也不能直观地体现其背后隐藏的意义，建议把数字换成图表的形式来展示。

四、色彩处理

1. 建议版面底色采用白色，字体用黑色最佳。

原因：对比强烈且版面干净，白底的另外一个优势是，当整个报告需要被打印出来时，不需要做任何改动，甚至黑白打印都可以，在任何突发状况下都能够从容应对。另外，对于不同质量和色差的投影仪，白底黑字的方式受色差影响最小。

2. 整个版面中的色彩不要超过三个。

在选择主要色调的基础上，选择主要内容和重点内容的文字颜色即可，可将重点内容标记得醒目一点。

3. 不要用浅亮的颜色做底。

过于亮的颜色做底，难以控制效果，还容易造成视觉上的混乱和疲劳。在不同的投影仪条件下，这种颜色的偏色也是最为明显的，往往会超出预期，直接导致提案的视觉效果出现问题。

五、排版

1. 不要用大面积的底图，尤其不能通篇使用。

原因：大面积的底图容易产生视觉疲劳，并且干扰每页重点内容的突出，同时还会使一些文字颜色和背景过于接近而无法分辨。

2. 报告要有封面。

封面上主要内容包括项目名称、简报内容主旨、简报制作单位、简报时间。文字部分最好中英文对照。

3. 在封面的下一页要设置目录。

这可以清楚地告诉听众报告的所有内容与逻辑架构。目录的设置可以帮助听众在一开始就对简报内容有一个大致的了解，使其能够较快地进入角色，消除可能因为单纯被动地听报告所产生的反感情绪，从而保证报告的顺利进行。

4. 在每一个段落结束、下一个段落开始时，可以补充上一段落的小结内容，并加入下一段落的子目录。

这可以不断地强化听众对于简报逻辑结构的了解，让听众知道他们听到了哪里，简报讲了一些什么，也让听众有一个思维消化及缓冲的时间段。

5. 字要少，多用图表和图片。

简报的文字阐述是每一页的重点，因此文字要精简，最好能够让听众在5秒内轻松扫视读完。可以多利用图表和图片来辅助说明，帮助听众或读者快速获取信息。

6. 每页要有标题，且标题一定要和内容一致。

如连续几页都是在讲述同一件事情，则可把这一部分的标题作为本页标题。和内容对应的标题能够让读者知道自己在逐步深入，而标题的作用是使读者能够知道本页的主要内容，更可加速他们的阅读速度。应牢记，报告不是为了为难读者，而是让他们快速了解你们的想法，并最终达成共识。

7. 在一些结构较为复杂的报告中，每页内容可以用大、中、小标题区分，帮助读者了解内容层次和他们所处的位置。

8. 每页的文字内容务必精简，逐步分条表示，有层次关系的用序列号，没有层次关系的前面加统一的标志或符号。

每条内容尽量控制在一行内，不换行最佳。原因在于符号的加入可以清楚地告诉读者你要说几件事，每件事情的内容在哪里，从而帮助读者理解，轻松阅读，保持一个良好的阅读心情。如果读者有多的时间，在这样的条件下，他们会乐于就简报的内容进行思考。这有利于合作双方良好的沟通与互动。

9. 每页务必加入公司的 LOGO。

这是对公司的宣传，也是对自身工作成果的保护，以防一些人非法取得，如偷拍等。LOGO 放置的位置最好和整个版面一体，难以被单独裁切掉。

10. 以平面设计的水准进行排版设计。

设计项目的简报必须体现设计的专业水准，版面中的各项元素不能像是为了放在一起而放在一起，每一页的内容和排版方式都应该按照平面设计的要求进行。

11. 每页标题位置一致。

标题的高度、起始位置、距各边界的距离都应该保证一致，不要让标题在换页时产生跳动。这样可以减少阅读疲劳，也使整个简报规范、清晰。

12. 建议使用母版，但最好自建。

使用幻灯片母版可以使各版面保持一致的效果，方便制作和修改过程，并避免无意删除一些母版内容。但是建议不要使用电脑自带的可供选择的母版样式，应该根据项目内容设计制作，以体现设计的专业性和对品质的追求。

13. 每页内容分量协调，大致相当。

对每一页要表述的文字内容、说明用图片和图表，尽量规划成等量的模式，以方便排版，让读者轻松阅读，保证整个阅读的顺畅和节奏。因此，对于原本内容偏少的页面，建议和其他页面合并或是增加素材；对于原本内容较多的页面，可以分成两个或多个页面，也可以删掉一些辅助材料，进一步精简用语。

14. 把每页的文字内容集中在一起。

集中页面中的文字内容，不要分散在各处。即使是表现各分类状况的文字，也要放在同一边或是同一区块。这样可以减少阅读的跳跃感，让读者方便地找到要阅读的内容。

15. 加所有方案的合并页。

在制作设计提案阶段的报告时，建议最后加所有方案的合并页，可以把所有提案的方案，按照对应顺序或是选取主要视图，放在一页或多页中。这样在提案会议中，大家可以方便地讨论所有提案。

16. 在整个报告最终结束后，再加设一个全黑的页面。

因会议需要，有时会经常在报告和其他会议内容之间转换，屏幕上一直显示报告页面，在一些需要讨论空间的会议场所中会形成干扰。例如，投影屏幕后面就是书写板，需要讨论书写，但是又不能频繁地开关投影仪，在报告最后设置一个全黑的页面就可以解决问题。

17. 页面要保证干净，有充足的留白，不要太挤。

18. 有层次地设置每页内容的动画，配合提案的节奏。

在内容较多，或是信息量较大的页面中，尤其是有递进的关系层次时，可使用动画逐步显示内容，既可以牢牢抓住读者的眼球和注意力，又可以突出重点。

第二节　设计提案会议

和开案会议不同，提案会议主要是设计单位以"说"为主的会议，因此提案会议中设计单位主动性更强，处于主导地位。这类提案会议主要有两种：一是前期的研究及计划提案；二是概念设计阶段结束时的设计提案。两种会议中，由于后者还加入了设计方案的提案，因此内容涉及面更广，也在整个设计流程中扮演十分重要的地位。相较而言，前期的研究计划提案主题更明确，也比较容易操作。

由于两者的流程与技巧基本相同，因此有关提案会议技巧的阐述可以以研究提案为基础，设计提案需要增加的技巧内容将在每个部分最后再作单独说明。

一、研究提案

研究提案的目的和意义主要有：

1. 是整个设计阶段开始的起点。

提案是设计单位与企业的第二次正式接触，也是设计单位第一次"说"的会议。和之前的开案会议所不同的是，这次会议意味着对前期所有工作的总结，是第一次真正地展现设计单位专业能力的机会，也是树立企业对设计单位专业信任的重要契机。

研究提案的顺利通过，意味着概念设计阶段的正式开始，以及项目的设计进入实质性阶段。在潜意识中，也意味着企业对于设计单位专业的认同和对于合作开发设计项目风险的把握。

2. 是前期设计研究及项目研究的成果汇报。

研究提案的实物内容主要包括：对前期接收到的项目信息的确认；对于企业所提供信息的分析；市场研究成果；消费者研究成果；综合所有信息后，结合企业的产品或设计策略而提出的产品设计策略；对于产品策略的进一步表达，即设计方向的定义；基于设计方向定位基础上的设计机会点和策略综合。由此可以看出，报告所包括的内容事实上就是整个设计即将展开的思路架构。通过研究报告，可以将设计单位对于该项目的思考和认知，以及基于其专业知识的方向性建议告知企业。

而在有限的沟通时间和空间内，要传达出诸多的重要信息点，提案的技巧很重要，这也是为什么要单独介绍提案技巧的原因。

3. 是设计故事的预先传达。

和上一条内容所不同的是，设计故事的传达其实是隐藏在整个研究报告中的核心内容。事实上，研究提案的关键不是向企业汇报设计发现、展现工作成果、领取甚至下一阶段的通行证，而在于向企业讲述设计的故事，让他们一同进入到故事的情景当中。

比较形象地说，研究报告告诉企业，你将要给他讲的是一个什么样的故事，内容包含故事的人物（消费者）、时间（上市时间、销售周期）、地点（经销范围、影响范围、预计市场覆盖面）以及大概情节（产品特征、设计方向），用清楚的逻辑表达故事，让企业了解整个故事构思，自然地进入角色，剩下的就是期待结果了。

就设计的发展理论而言，现代的产品设计不再处于为设计而设计的理性消费阶段，而是已经发展到了感性消费，甚至是情感消费的阶段。产品所代表的是一种生活方式与情感，成功的产品并不是只靠最后的产品营销包装，而是在设计概念初期就展开产品情感设计与表述，一步步在设计过程中完善观念与故事，最终完成具有情感表述功能的产品设计。

也正是因为这样，前期研究报告的关键是让企业了解设计单位所搭建的故事情景，帮助其预期未来设计的产品在怎样的情景下使用，具有何种情感表述功能。

4. 是重要的评价及决策点。

研究报告提案完成之后，双方必须就提案的内容进行讨论。如果通过，就进入到设计流程中的概念设计阶段；如果需要修改，总结意见修改完毕后，再加以审核，进入概念设计阶段。最为重要的是在该阶段结束后，一定要得到参与设计项目评价和决策的所有人员的认可，最好能够达成书面记录，这样才能够保证后续工作的顺利沟通与进展。

结合开案会议的定义，博弈的理论最适合阐述设计流程的执行和设计沟通的策略。整个项目流程可以看作一个不完全信息动态博弈的过程，每一次的双方正式会议，即开案会议、研究提案、设计提案等，都是信息收集、评价和决策的关键点，正是通过这些关键点，不完全信息开始向完全信息转化，这些关键点也可以看作博弈过程中的一个个决策点。

因此，研究提案可以看作项目流程的第二个决策点，在时间顺序上排在开案会议之后。如果说，开案会议关注决策项目要不要这样合作，以及合作方式等问题，那么提案会议则关注项目要怎么做、设计要怎么做的问题。该决策点所拥有的决策信息来自于之前阶段所获得的信息，尤其是在开案会议中所获得的各方面信息。而研究提案的会议过程也能为下一个决策点——设计提案做信息收集的工作。

5. 主题唯一、明确，是设计执行过程中的要点。

研究提案的唯一主题就是达成一致意见，从而开展概念设计。因此，所有的工作重点，包括沟通技巧都是围绕这一主题展开的，不增加任何多余的内容或是干扰信息。参与提案会议的各方，就提案内容根据自己的专业知识背景和经验提供意见，优化设计研究，最终形成有价值且能明确执行的方案。

二、设计提案

设计提案是研究提案之后的重要沟通活动，项目组的所有主要成员都要参加。在这一过程中，所有成员对设计单位所完成的设计成果进行集体讨论与评估，并最终形成决策意见，从而指导设计活动的进一步展开。

在进行设计提案之前，设计单位已经完成了整个设计项目流程中的所有概念设计工作。在通过研究提案之后，设计单位就按照既定的设计流程，一步一步地展开设计、收敛讨论、再深入发展和验证，而就设计成果而言，也完成了概念草图、方案草图、二维效果图甚至三维效果图的工作。设计提案的目的就是把这些过程和最终结果展示给客户，请他们了解设计的进程和成果，并就这些内容提供自己的观点和意见。会议最后通常会选出 1 到 2 个比较满意的方案，再根据综合的意见进行修改与调整，再往下推进。

设计提案会议的主要内容就是客户听取由设计单位完成的设计报告，包括对前期研究报告的概括与重申、对设计过程和思路的表述、对设计方案的具体阐述。设计提案会议是以设计单位的"说"为主的会议，这和开案会议以"听"为主不同，也和研究报告的"说"的策略不同，这里的"说"是针对具体结果的阐述，而该结果在未来能转化为具体实物。因此对于设计方案的提交并不只限于视觉化和语言描述方面，更重要的是让客户能够根据眼前的图像了解到产品的意义、特征、实物形态、材料、工艺、成本等诸多实际因素。为了帮助客户顺利地了解,设计单位所要做的准备远远不止完成报告那么简单了,而是要充分联系起在之前的客户沟通中所建立起来的知识与信息,从而作出完善的规划。

举例来说,提交给客户的图画达到什么层次和程度,这和客户以前的读图经验是相关的,也要与开案会议中提出的要求相符合。设计单位的工作只能超出客户的预计,之前达成的合约或会议记录的要求只是一个底线。当然,这并不是要求设计无限制地付出,综合考虑时间、成本与品质的因素是基本的出发点。而这些内容事实上都是根据开案会议后所制订的设计计划完成的,不同的项目、不同的客户,甚至同一客户在不同时间和不同项目中的要求都是不一样的。

提案并不是仅仅去阐述和介绍设计方案那么简单,最为核心的是介绍整个产品的设计故事。类似情景营销的方式,把设计的产品当作故事的主角,让每个听众都变成参与者,在听故事的过程中接受产品,并对产品的最终形态产生视觉想象,而最终的设计提案只是揭晓他们心中的答案而已。

以设计故事的叙述为主轴的设计提案,能够使设计摆脱画图工匠的印象,真正树立自己的专业度。另外,听众参与到故事的情景当中之后,设计的提案不再是强加在客户身上的方案,而是被自然而然地作为整个项目组的智慧结晶看待,从而在潜意识里面减少了对抗的心理意识,增加了认同感,有利于客户给予正面的评价和客观意见。

设计提案会议的最终目的是综合各方面意见,形成最终的决策。一般来说,决策的内容包含所选择的设计方案和修改意见,在讨论过程中所做的初步可行性评估意见,以及在后续工作中的注意事项。

由于研究提案和设计提案分属不同的设计流程阶段,两者所要完成的主要内容是完全不同的。但是就其提案的主要形式来说,相较前期的开案提案而言,两者更为近似,因为研究和设计提案都是属于设计单位主导的“说”的提案会议,因而就会议的技巧来说有很多要点是共通的。在下面的文字说明中,我们用“提案会议”来泛指两个会议,在阐述各自的特点和需要注意的技巧时，则会再用研究提案与设计提案加以区别。

通过下面的表格更容易清楚地比较出两个提案在内容、流程上的差异点，方便进一步的理解。

表12.1　研究提案和设计提案的主要差别

特点	研究提案	设计提案
主要内容	对企业、市场、消费者的研究发现，设计机会、设计方向与执行	规划设计过程、完善设计研究与设计提案
决策点顺序	第二个项目决策点	第三个项目决策点
前置工作	设计研究、产品研究	整个概念设计过程
后续工作	概念设计	结构设计及模型设计
故事情景	设计故事的框架描述	完整讲述设计故事

三、参与人员

提案会议的参与人员，在原则上应该是保留开案会议的原班人马，但是经常会由于场地和时间的变化而作相应的调整。常见的状况是，之前在客户方开开案会议，现在则会在设计单位开提案会议，因此客户方面可能无法做到让全部的原班人马参加，但会选择重要的、有主要决策权利的人员到场。而设计单位方面，由于提案场地在自己处，则可以安排更多的专业人员参加，以提高提案会议的服务完善度。

另一个方面，由于提案会议，特别是设计提案会议，会牵涉到重要的设计流程决策点，因此参与评估及决策的人员应该谨慎选择。在这时，设计单位尤其应该将在前期沟通中所了解的企业隐性组织关系等相关信息作为参考，为客户方到场人员的选择大胆提供建议，以保证会议顺利进行，减少不必要的麻烦与干扰。当然这一沟通的前提是务必和客户方的项目组织、协调和沟通人员达成很好的默契，并用非正式交流的方式进行。

可以参考的到场人员的筛选原则是：

（1）Who：究竟谁应该参加会议？

（2）Why：为什么要请她/他参加会议？

（3）What：请她/他参加会议能起到什么作用？

除此之外，还有一个重要的原则：不要让没有参加开案会议的人员参加提案会议。除非是有特殊的原因，否则这一点务必要坚持。

我们发现，在处理国内客户的项目时，参加提案会议的人经常远多于开案会议，似乎是因为有图片看，大家都愿意来凑热闹。而有的企业管理者似乎也非常愿意看到这种全民动员的场面，似乎这样让人感觉员工对企业非常有归属感。一群完全不知道设计过程和设计故事的人，对着设计提案的图片大加评价，好像在商场里选购商品一样，而每个人因为自己的专业不同、角色不同，甚至是利益点不同，发表各式各样的言论，有的甚至仅仅是为了在老板面前表现。基本上，如果一个提案会议出现这样的情景，这个项目也将就此终结了，除非是非常有经验的主持者才有可能挽回局面。

因此在提案会议的参会人员选择上，设计单位务必要主动参与，并直接提供意见，把自己的担心和可能发生的状况提前告知客户。一般有经验的客户不会出现这类状况，但是对于缺乏经验的客户，设计单位在这类事项的沟通上就必须投入更多的精力才行。至于如何判断客户的设计经验，以及如何找到合适的人员进行沟通，可以参考我们在非正式沟通和开案会议技巧里所谈到的内容。

四、会议准备

（一）场地准备

和开案会议不同，提案会议通常需要演示文件的设备与环境，对于空间的要求比较高。在准备场地时，首先要考虑空间大小是否合适，是否有满足需求的座位区，双方人员在该区域内分别落座后，应既方便本方人员之间的互相交流，也方便双方人员的相互交流与对话。同时，要保证在座的所有人都能够看清楚大屏幕上所显示的投影内容，尤其对于客户方的主要决策人员，务必保证其座位在看投影、听报告和讨论时的最佳角度。

在演示区域部分，要找出适合提案人站立的位置，不遮到投影，同时也能够让听众方便地看到提案者的大部分身体，从而能够保证听众看到提案人的眼神、手势和其他动作。

在其他的场地准备细节中，还要观察灯的开关在哪里，如何操作，最好指定专人负责开关灯的工作，甚至可以排练好什么时候关灯、什么时候开灯。还要看是否有窗帘等其他遮光的设施，以确保投影能够清晰显示。

对于设计提案会议，还特别需要在场地内找到合适的贴提案效果图的墙壁、展板或其他设备。由于在设计提案的流程中，只有在提案全部结束后才会把实际的效果图展示出来，因此还务必要规划好效果图的展示顺序。如果事先已经贴好，则必须保证在提案结束前不会暴露在与会人员面前；如果在提案结束时开始张贴，则必须保证能快速贴完，并张贴整齐，不会影响与会人员的浏览顺序和重点。

(二) 设备准备

现在的提案多数是用 Powerpoint 做好的电子演示文档，为了减少电脑和投影仪之间转切的不必要的麻烦，强烈建议提案的设计单位自己携带笔记本电脑，以避免文件在其他电脑上数据丢失或是不兼容的现象。

在会议正式开始前，要提前检查笔记本电脑和投影仪之间的转换是否正常，是否会存在显示内容的缺失。

要检查投影仪的显示效果，调好焦距、梯形矫正等。尤其需要关注是否有显示色差，一些老旧的投影仪往往会偏色严重，导致演示效果大打折扣，因此要提前检查，以尽量找出补救措施。

确认所有的仪器和设备操作正常后，还要指定专门的设备操作人员，确定该人员能正常操作该设备，并且能够在会议过程中一直在场负责关于电子资料的所有展示工作。

(三) 资料准备

会议除了准备电子演示档以外，还可以另外准备一些阅读的纸质资料给主要参会人员。这是因为一些和项目实施、计划等相关的文件，一般公司的高层因为平日公务繁忙，并不会关注。但是在参加提案会议时，公司高层必须到场，就有时间在会议开始前或是会议间隙阅读这些资料，这样可以帮助他们快速地、比较全面地了解整个设计项目的进程，加强他们对于项目设计内容的理解。在这里要准备的资料不可太多，取一些主要内容即可，最好用简单的文字配以图表，以便于快速翻阅。具体的资料准备在研究提案会议和设计提案会议中会有差别，我们分别介绍一下。

1. 研究提案会议资料

（1）项目执行计划。以流程图或甘特图（Gantt chart）等图表的形式表示最佳，配合时间和整个设计流程进行表述。如果根据开案会议所收集的资料判断该企业是比较缺乏设计经验的，则需要再补充一些针对设计流程的说明资料，最好配一些图画说明各个阶段较为具体的工作内容和要求。

（2）项目流程的主要产出内容与成果。尤其要标出提案会议所处的流程阶段，让与会者能够清楚地知道为什么要来参加这个会议，会议在整个设计项目流程中的价值和意义。要让企业负责人清楚地知道，在研究提案会议结束时必须确认设计方向与计划，令其提前进入思考的环节。

（3）研究提案的主要内容摘要。可以直接从提案的电子文档中选取主要的页面打印出来，选出的页面和实际要报告的电子文档内容上不要做任何改动，这样在报告过程中，可以使读者轻易地找到对应的内容。并且选出的主要内容要能够保证整个逻辑的完整性，这样可以使客户负责人在听报告前对内容有大致的了解。与会人员带着问题听报告会使会议变得有重点，也更容易理解和接纳设计人员的观点。

2. 设计提案会议资料

（1）项目执行计划。采用和研究提案同样的文件格式，以流程图或甘特图等图表的形式表示最佳，配合时间和整个设计流程表述。根据研究提案会议，记录所完成的项目计划，修改也必须体现在其中，把主要阶段的产出成果整合在一起。随着项目在设计阶段的不断深入，企业与设计人员的沟通不断深入，因此需要减少类似前面解释性的文件资料，而应直接切入主题，这样可以间接令企业的领导觉得自己开始变得更懂设计，具有自豪感和成就感，最终会更愿意和设计人员产生良性的沟通。

（2）设计过程介绍。可以整理成从定义设计方向开始，到概念草图、概念完善、收敛与发散、工程与可行性探讨、二维三维效果图等各阶段的工作图面等几大块。图片不要多，但要和之前介绍的项目流程内容对应，直接用视觉化的效果进行呈现能够帮助领导者直观地了解设计工作和项目进程方式，从而更容易产生认同感。但需要注意的一点是，选择的图片不要过于清楚地展示某一方案的具体造型，以免干扰企业负责人对设计提案的判断和选择。

（3）设计报告概述。和前面研究提案会议准备的资料内容相似，也是直接选取设计报告里的主要内容，在保持逻辑完整性的条件下，把主要的设计思路简单、快速、直接地先介绍给企业的主要负责人，帮助他们理解即将开始的报告内容。但是，在这里务必要注意的一点是，千万不要把设计方案放在里面。在设计提案会议中，一个非常重要的原则是，不能让企业方的任何人员在提案没有正式完成之前看到设计方案。否则，看到的人肯定会用自己的语言向同事描述，很容易令其他人员产生许多先入为主的印象，最终导致局面的失控，也很容易令项目流产。

（4）除了以上三项主要内容外，提案会议还需要完成的准备工作基本上和开案会议相同，可参考开案会议中的内容。

五、会议流程

由于是第二次正式会议，加之已经有过一些工作上的往来，双方人员都已经比较熟悉，对于彼此的工作风格和方法都有一定的了解，所以提案会议虽然也是正式的沟通会议，并且在设计流程中起着非常重要的作用，但其实际的会议流程却比较简洁，主题更为突出。提案会议主要由以下流程内容组成：

1. 人员入场落座。双方人员到场，简单的寒暄即可。

2. 设计单位介绍流程。会议主持人宣布会议正式开始，由设计单位的项目负责人介绍本次会议的主要内容和要达成的目标，介绍大致的会议时间规划。一些比较正式的做法是，事先将流程计划提供给参会的主要人员，并在会议开始前放在主要负责人的面前。大致来说，整个会议由开始提案（1个小时以内）、提案结束（小休）、会议讨论、会议记录、结束等几部分组成。

在设计提案会议中或会议讨论结束之后，还会有单独的设计方案介绍时间，可利用电子演示文档和实际的效果图展示，也可配合一些实物进行辅助说明。